用于国家职业技能鉴定

国家职业资格培训教程

GUOJIA ZHIYE ZIGE PEIXUN JIAOCHENG

锻造工

(初级)

第2版

编审委员会

主　任　刘　康
副主任　张亚男
委　员　于意仲　周小玉　宋继顺　王鹏程　吕如民
　　　　赵　杰　王士达　陈　蕾　张　伟　史武华
　　　　吕本顺

编审人员

主　编　周小玉
副主编　席　镇
编　者　吕如民　周小玉　席　镇
主　审　张程勇

中国劳动社会保障出版社

图书在版编目(CIP)数据

锻造工：初级/中国就业培训技术指导中心组织编写. —2 版. —北京：中国劳动社会保障出版社，2011
 国家职业资格培训教程
 ISBN 978 – 7 – 5045 – 9368 – 9

Ⅰ.①锻… Ⅱ.①中… Ⅲ.①锻造-技术培训-教材 Ⅳ.①TG31

中国版本图书馆 CIP 数据核字(2011)第 230613 号

中国劳动社会保障出版社出版发行

（北京市惠新东街 1 号 邮政编码：100029）
出 版 人：张梦欣

*

北京市艺辉印刷有限公司印刷装订 新华书店经销
787 毫米×1092 毫米 16 开本 13.75 印张 232 千字
2011 年 11 月第 2 版 2011 年 11 月第 1 次印刷
定价：27.00 元

读者服务部电话：010 – 64929211/64921644/84643933
发行部电话：010 – 64961894
出版社网址：http://www.class.com.cn
版权专有 侵权必究
举报电话：010 – 64954652
如有印装差错，请与本社联系调换：010 – 80497374

前　言

为推动锻造工职业培训和职业技能鉴定工作的开展，在锻造工从业人员中推行国家职业资格证书制度，中国就业培训技术指导中心在完成《国家职业技能标准·锻造工》（2009年修订）（以下简称《标准》）制定工作的基础上，组织参加《标准》编写和审定的专家及其他有关专家，编写了锻造工国家职业资格培训系列教程（第2版）。

锻造工国家职业资格培训系列教程（第2版）紧贴《标准》要求，内容上体现"以职业活动为导向、以职业能力为核心"的指导思想，突出职业资格培训特色；结构上针对锻造工职业活动领域，按照职业功能模块分级别编写。

锻造工国家职业资格培训系列教程（第2版）共包括《锻造工（基础知识）》《锻造工（初级）》《锻造工（中级）》《锻造工（高级）》《锻造工（技师　高级技师）》5本。《锻造工（基础知识）》内容涵盖《标准》的"基本要求"，是各级别锻造工均需掌握的基础知识；其他各级别教程的章对应于《标准》的"职业功能"，节对应于《标准》的"工作内容"；节中阐述的内容对应于《标准》的"技能要求"和"相关知识"。

本书是锻造工国家职业资格培训系列教程（第2版）中的一本，适用于对初级锻造工的职业资格培训，是国家职业技能鉴定推荐辅导用书，也是初级锻造工职业技能鉴定国家题库命题的直接依据。

本书共4章，第1章由天津理工大学吕如民编写，第2章和第4章由天津理工大学周小玉编写，第3章由内蒙古工业大学席镇编写。本书由周小玉担任主编，席镇担任副主编，天津理工大学张程勇担任主审。

本书在编写过程中得到了天津市人力资源和社会保障局、天津市汽车锻造有限公司、天津理工大学、内蒙古工业大学、天津职业技术师范大学等单位的大力支持与协助，在此一并表示衷心的感谢。

中国就业培训技术指导中心

目　录

CONTENTS　　国家职业资格培训教程

第1章　材料加热 ……………………………………………（ 1 ）

　　第1节　坯料装、出炉 ………………………………（ 1 ）

　　第2节　炉温控制 ……………………………………（ 23 ）

第2章　自由锻造 ……………………………………………（ 32 ）

　　第1节　工艺及工具准备 ……………………………（ 32 ）

　　第2节　工件锻造 ……………………………………（ 78 ）

第3章　模锻造 ………………………………………………（112）

　　第1节　工艺及工具准备 ……………………………（112）

　　第2节　工件锻造 ……………………………………（170）

第4章　锻后处理及检验 ……………………………………（190）

　　第1节　锻后处理 ……………………………………（190）

　　第2节　产品检验 ……………………………………（205）

第1章 材料加热

第1节 坯料装、出炉

学习单元1 锻造用钢材

学习目标

> 了解锻造用钢材的性能及常见缺陷
> 掌握常用钢材的锻造温度
> 掌握常用钢材的火花鉴别方法
> 能够在坯料装炉前核对坯料的牌号和规格

知识要求

一、锻造用钢材

锻造用的钢材经常以轧制材料、锻制材料和铸造钢锭的形式供应。中小型锻件经常使用轧制材料和锻制材料,大型自由锻件经常使用铸造钢锭。

1. 轧制材料

轧制材料的品种包括方钢、圆钢、六角钢和钢坯、钢板等，其常见规格见表1—1。

表1—1　　　　　　　　　轧制材料的品种和规格

品种	方钢		圆钢		六角钢		钢坯	钢板
类别	热轧型钢	冷轧型钢	热轧型钢	冷轧型钢	热轧型钢	冷轧型钢	粗轧钢坯	热轧厚钢板
检验尺寸名称	边长	边长	直径	直径	内切圆直径	内切圆直径	厚度	厚度
规格/mm	5~250	3~70	5~250	3~80	8~70	3~75	100~250	4~60
允许偏差/mm	±0.4~±2.5	-0.04~-0.4	±0.4~±2.5	-0.02~-0.4	±0.2~±1	-0.04~-0.4	±3~±5	±0.5~±1.5

2. 常用中小型锻坯的品种及规格

常用中小型锻坯的品种有圆钢坯和方钢坯，其尺寸及偏差见表1—2。

表1—2　　　　　　　　　圆钢直径或方钢边长的尺寸及偏差

圆钢直径或方钢边长/mm	圆钢直径或方钢边长的允许偏差/mm
50~60	$\binom{+2.0}{-1.0}$
65~80	$\binom{+2.5}{-1.0}$
85~100	$\binom{+3.0}{-1.0}$
105~120	$\binom{+3.0}{-1.5}$
125~140	$\binom{+3.5}{-1.5}$
145~160	$\binom{+4.0}{-2.0}$
170~180	$\binom{+5.0}{-2.0}$
190~200	$\binom{+6.0}{-2.0}$
210~220	$\binom{+6.0}{-3.0}$
225~235	$\binom{+7.0}{-3.0}$
240~250	$\binom{+8.0}{-3.0}$

3. 锻造用钢锭

锻造用钢锭根据其表面形状可以分为圆钢锭、方钢锭和八角钢锭等品种。由于各工厂生产条件的不同，故还没有统一的国家标准，下面列出某工厂实际生产用的钢锭规格，见表1—3。

表1—3　　　　　　　　　实际生产用的钢锭规格

钢锭简图	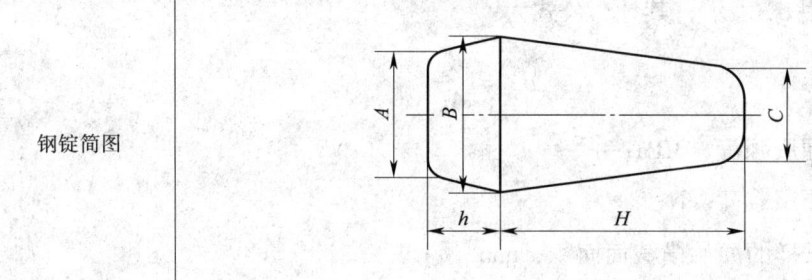						
钢锭名称	冒口尺寸 A/mm	大头尺寸 B/mm	小头尺寸 C/mm	锭身长度 H/mm	冒口高度 h/mm	冒口质量/kg	钢锭质量/kg
300 kg 圆锭	φ180	φ280	φ190	770	215	55	290
500 kg 圆锭	φ200	φ320	φ220	870	260	100	500
600 kg 方锭	220	305	245	1 000	270	96	642
1 000 kg 方锭	260	370	280	1 060	310	152	950
500 kg 扁锭	300×90	540×190	380×140	800	200	79	515
850 kg 扁锭	40×120	720×230	510×150	900	200	125	850

二、锻造用钢材的力学性能

锻造前操作人员必须对锻造用钢材的性能进行了解。

1. 锻造用钢材的强度

材料在负荷作用下，抵抗塑性变形和破坏的能力称为强度。材料最主要的强度指标有抗拉强度、屈服强度两种。

（1）抗拉强度

抗拉强度又称抗拉极限强度，是指材料在承受最大拉力时其单位横截面积上所产生的拉力，称为应力，也可以认为是材料在破坏前可以承受的最大应力，用符号 σ_b 表示，其计算公式为：

$$\sigma_b = \frac{F_b}{A_o}$$

式中　σ_b——抗拉强度，MPa；

F_b——最大拉力，N；

A_o——试样的原始横截面面积，mm^2。

(2) 屈服强度

屈服强度又称屈服点，是指材料在外加载荷增加到一定值时，材料开始变形屈服，这时即使载荷没有增加，试样也继续伸长，产生永久变形。此时的材料强度称为屈服强度，用 σ_s 表示，其计算公式为：

$$\sigma_s = \frac{F_s}{A_o}$$

式中　σ_s——屈服强度，MPa；

F_s——屈服载荷，N；

A_o——试样的原始横截面面积，mm^2。

2. 锻造用钢材的塑性

金属材料在外力作用下，产生永久变形而不被破坏的能力，称为塑性。锻造生产就是利用了金属材料具有塑性的原理，室温塑性常用于冷锻造、冷拉及冷挤压等；利用金属加热后的塑性进行的锻造，称热锻造。

钢材的塑性可以用长度的延伸率 δ 和断面收缩率 ψ 两个指标来表示。δ 和 ψ 的数值越大，说明金属材料的塑性越好；反之，说明金属材料的塑性越差，脆性越大。

(1) 延伸率

试件在拉力作用下会产生塑性变形，使长度增加，断面面积缩小，最终被拉断。拉断后试样的伸长量与试样原长度的比值称为延伸率，用百分数表示，其计算公式如下：

$$\delta = \frac{L - L_o}{L_o} \times 100\%$$

式中　δ——试样的延伸率，%；

L——试样断裂后的标距长度，mm；

L_o——试样的原始标距长度，mm。

(2) 断面收缩率

试件在拉伸过程中，断面收缩和长度增加是同时发生的。断面收缩率是指拉伸后试件横截面面积与原横截面面积之比，用百分数表示，其计算公式如下：

$$\psi = \frac{F_o - F}{F_o} \times 100\%$$

式中 ψ——试样的断面收缩率,%;

F_0——试样的原横截面积,mm^2;

F——试样被拉伸后拉断处的横截面积,mm^2。

钢的塑性与钢的含碳量成反比,含碳量越高,塑性越低;钢的强度与钢的含碳量成正比,含碳量增加,钢的强度也增加。钢的强度、塑性与含碳量的关系见表1—4。

表1—4 钢的强度、塑性与含碳量的关系

钢的含碳量/%	抗拉强度(σ_b)/MPa	屈服强度(σ_s)/MPa	延伸率(δ)/%	断面收缩率(ψ)/%
0.15	380	230	27	55
0.45	610	360	16	40
0.75	1 100	900	7	30

3. 锻造用钢材的热塑性

锻造用钢材的锻前加热是锻造生产过程中的重要工序之一。碳钢加热到1 150℃时,其强度仅为常温的1/20,在高温下合金钢的强度为常温的1/30,钢材的变形抗力降低,塑性极大提高。所以,在实际生产中,大部分金属坯料锻造前都需要进行加热。表1—5为部分钢材在不同温度下的屈服强度σ_s。

表1—5 部分钢材在不同温度下的屈服强度 σ_s MPa

钢牌号	温度/℃												
	20	100	200	300	400	500	600	700	800	900	1 000	1 100	1 200
20	470	480	460	460	470	370	250	130	91	77	48	31	20
45	600	560	530	570	590	450	320	170	110	83	51	31	21
T7	637	—	—	—	—	—	101	61	38	31	19	—	11
40Cr	1 000	—	—	—	—	—	—	149	93	60	44	—	27
1Cr13	538	—	—	—	—	—	—	66	49	37	22	—	12
1Cr18Ni9Ti	554	—	—	—	—	—	—	186	91	55	38	—	18

4. 锻造用钢材在加热过程中热导率和外形尺寸的变化

(1) 热导率的变化

金属传导热量的能力称为导热性,导热性用热导率λ表示,其单位为W/(m·K)。一般来讲,碳钢的含碳量增高,导热性降低;合金钢的合金含量增高,导热性减低。合金钢的导热性比碳钢差,温度对热导率的影响如图1—1所示。

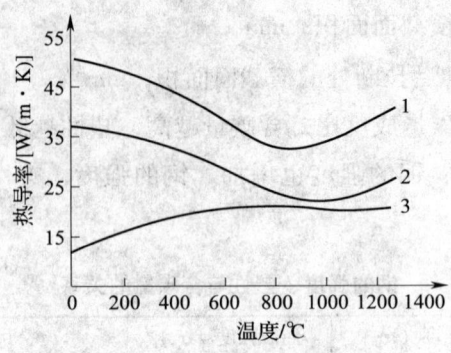

图 1—1 温度对热导率的影响
1—低碳钢 2—高碳钢 3—合金钢

（2）外形尺寸的变化

坯料在加热时，随着温度的升高，体积也开始膨胀，线性尺寸伸长；在锻后冷却过程中，体积收缩，线性尺寸缩短。所以，对锻件终锻时所测量的尺寸应考虑锻后冷却收缩量，防止锻件因尺寸不足造成报废。

三、锻造用钢材的常见缺陷

1. 锻造用型材的常见缺陷

锻造用型材的常见缺陷主要有划痕、折叠、结疤、白点、微裂纹、非金属夹杂等，如图 1—2 所示。

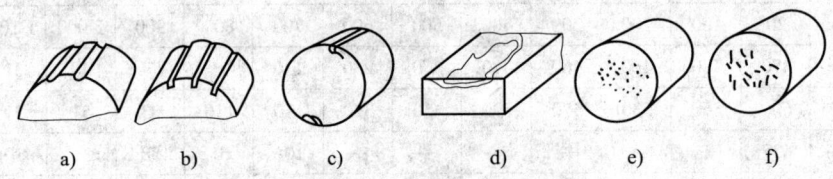

图 1—2 钢坯的缺陷
a）划痕 b）微裂纹 c）折叠 d）结疤 e）非金属夹杂 f）白点

（1）划痕、折叠和结疤

金属在轧制过程中，由于各种意外原因在其表面划出伤痕，深度达 0.2～0.5 mm，会影响锻件的质量。型材在轧制过程中，由于变形过程不合理，容易把表层金属压入金属内部，形成折缝，折缝内由于有氧化皮不能压合，而形成折叠。在折叠处，容易产生应力集中，影响锻件的性能。结疤是未清除的钢锭溅疤，经开坯后在表面上形成可剥落的金属层，厚度约 1.5 mm，加热前应清除。

(2) 白点

白点是钢坯内部氢气和应力作用的结果，在钢坯的纵截面上会形成一种银白色的斑点，在横截面上表现为细小的裂纹。白点并不会在所有钢坯上出现，主要出现在那些对白点敏感的钢种上。

(3) 微裂纹

钢锭皮下气泡被轧扁、拉平或破裂形成发状裂纹，深度为 0.5~1.5 mm。在高碳钢和合金钢中容易产生此缺陷。

(4) 非金属夹杂

非金属夹杂物是金属在熔炼过程中带入的，它在轧制时被辗轧成条状或带状。非金属夹杂物破坏了基体金属的连续性，严重时会引起锻件开裂。

2. 锻造用钢锭的常见缺陷

(1) 缩孔和疏松

缩孔和疏松是钢锭不可避免的缺陷，缩孔是钢液在冷凝时的体积收缩所产生的，缩孔外围断续延伸所造成的细小空隙就是疏松。缩孔和疏松虽然是钢锭不可避免的缺陷，但由于都集中在冒口部分，故在锻造时这些缺陷可以随冒口一起被切掉。

(2) 偏析

钢锭中各部分化学成分的不均匀性称为偏析。偏析是由于金属在凝结成固体时造成的。偏析包括枝晶偏析和区域偏析，枝晶偏析是指钢锭在晶体范围内化学成分的不均匀性；区域偏析是指钢锭在宏观范围内的不均匀性。偏析会造成钢锭的力学性能不均和裂纹缺陷。枝晶偏析可以通过锻造、再结晶、高温扩散和锻后热处理得到消除，区域偏析很难通过热处理的方法消除，只有通过反复镦—拔工艺，才能使其化学成分趋于均匀化。

3. 锻造用钢材表面缺陷的处理

锻造生产用的材料表面往往存在一些缺陷，如果在加热前不及时清理，在锻造过程中将会扩大缺陷，以致锻件报废，所以应将这些缺陷及时清理消除。

常用的方法有：

(1) 风铲清理

以空气压缩机为动力，使风铲的铲子产生冲击力进行铲削。风铲操作劳动强度大，噪声大，生产效率低，主要用于大型钢坯或锻件的清理，可清理深度较大的划痕、折叠和毛刺。

(2) 火焰切割处理

使用氧—乙炔火焰割炬进行操作，用于碳素钢、低合金钢和大型锻件的清理，高碳钢和合金钢清理后的表面易形成龟裂，可采用切割前预热处理来避免。

（3）磨削处理

采用砂轮机手工磨削，大批量生产宜采用专用磨床，此方法适用面较广。

（4）剥皮处理

剥皮处理可在车床、铣床、刨床和磨床上进行，主要用于有色金属和不锈钢锻坯的前处理。

四、常用钢材的锻造温度及鉴别

1. 常用钢材的锻造温度

锻造温度包含始锻温度和终锻温度。始锻温度是指坯料开始锻造的温度。终锻温度是指坯料锻造结束的温度。当坯料加热到始锻温度时，根据钢种及其截面积大小，对坯料进行不同时间的保温。保温的目的是使坯料整体温度均匀，保温时间以坯料不产生过热为原则。坯料截面温度的均匀程度因钢种而异，碳钢和低合金钢的截面温差应小于100℃。碳钢的锻造温度范围可根据Fe-Fe$_3$C相图来确定，如图1—3所示。

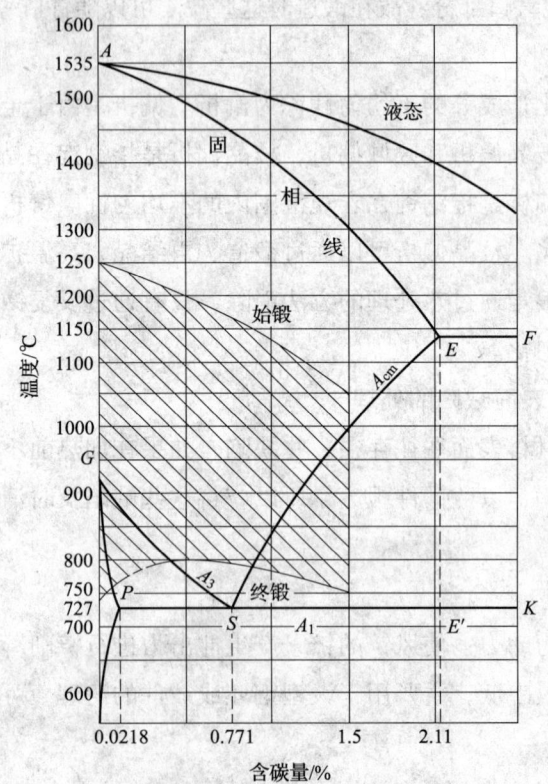

图1—3　碳钢的锻造温度范围在Fe-Fe$_3$C相图中的表示

(1) 低碳钢

低碳钢是指含碳量≤0.25%的钢材,根据相图,低碳钢始锻温度为1 250℃,终锻温度为750℃,锻后冷却一般采取空冷。

(2) 中碳钢

中碳钢是指含碳量为0.25%～0.6%的钢材,中碳钢始锻温度为1 200℃,终锻温度为800℃,锻后冷却一般采取空冷或堆冷。

(3) 高碳钢

高碳钢是指含碳量≥0.6%的钢材,高碳钢始锻温度为1 100～1 150℃,终锻温度为750～800℃,锻后冷却一般采取砂冷或炉冷。

要使金属获得良好的塑性,并锻造出优质锻件,坯料的加热操作必须严格按照加热规范进行,以防止加热缺陷的产生。

2. 常用钢材的鉴别方法

(1) 火花鉴别法

当利用混放的钢材旧料或废料进行锻造生产时,锻造工常常需要鉴别钢材的种类和牌号,火花鉴别法是最简便且能基本满足使用要求的一种鉴别方法。由于各类钢材中各种元素的含量、结构、组织和物理性能不同,所以打磨时出现的火花形式也不同。当把钢块放在高速旋转的砂轮上磨削时,通过观察、分析产生火花的形式和颜色,就能大致判定钢材的成分和牌号。

火花束中线条状火花称为流线,流线在中途爆炸,其爆炸处称为节点,节点处射出的线称为芒线。流线或芒线上由节点、芒线组成的火花称为节花。按爆发先后顺序,节花可分为一次花、二次花和三次花等,如图1—4所示。

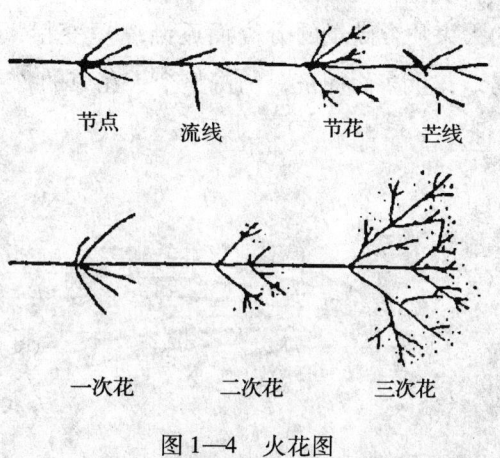

图1—4 火花图

火花鉴别法的理论尚不成熟,火花形成还受到许多外在因素的影响,所以鉴别的精确度与操作者的经验关系很大。利用火花鉴别法只能大致地、定性或半定性地来判定钢号。必要时,可以与化学或光谱分析的方法配合使用。

1) 低碳钢。以15钢或20钢为例,火花的颜色为浅黄带一点红,分支和火花较多,火花束中流线较多,长度较长,花量不多,爆花为四根分叉,一次花,芒线较粗,如图 1—5 所示。

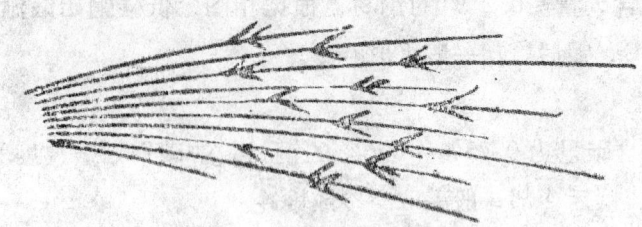

图 1—5 低碳钢火花

2)中碳钢。以 45 钢为例,火花的颜色为黄色,发光明亮,流线多而稍细,火束短,发光大,爆裂为多根分叉,三次花,有小花及花粉,火花盛开,花量较多,约占整个火花束的 3/5 以上,如图 1—6 所示。

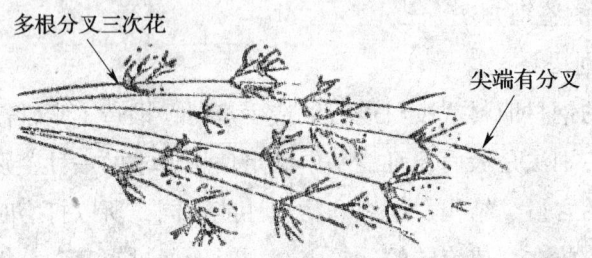

图 1—6 中碳钢火花

3)高碳钢。以 T7 钢为例,火花的颜色为浅黄色,流线多而细,碳素工具钢的火束随含碳量的升高而逐渐缩短变粗,呈现多量三次花,有花粉,发光逐次减弱,花量多而拥挤,约占整个火花束的 3/4 以上,如图 1—7 所示。

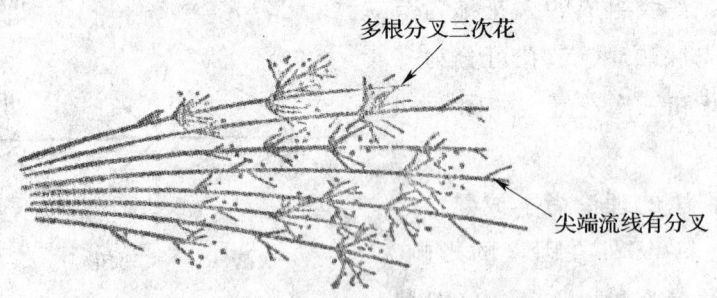

图 1—7 高碳钢火花

(2)光谱分析法

光谱分析包括发射光谱分析、原子吸收光谱分析和 X 射线荧光光谱分析。

1)发射光谱分析。光电直读法是由光电接收元件将金属试样产生的光信号转变成电信号,当试样从仪器上通过时,由于放大记录装置的作用,仪器便会自动给出材料所含各种元素的名称和含量。

2)原子吸收光谱分析。原子吸收光谱分析法是将金属盐溶液雾化后喷入火焰,金属元素变成原子状态,处于基态,这些基态的原子吸收火焰的热能或适当波长的辐射能后,上升为高能态而处于激发态,随后又回到基态。基态的原子对光量子的吸收量与金属的种类及含量有关。原子吸收光谱分析就是测定基态原子对光量子的吸收量。

3)X射线荧光光谱分析。X射线荧光光谱分析法是将试样经X射线辐射后,其原子吸收了部分X射线的光量子,使原子内层电子由低能级激发到高能级,随后回到低能级,能量的变化以释放出X射线荧光的形式实现,通过测定X射线荧光光谱中谱线的波长,便可以测出试样中元素的含量。

技能要求

一、工作名称

坯料装炉前的准备。

二、使用设备

燃煤锻造加热炉。

三、工作过程

1. 工序一——核对坯料尺寸

按照锻造工艺卡,用通用量具测量坯料尺寸,常用通用量具有:

(1)钢板尺。常用的钢板尺有 150 mm、250 mm、300 mm 和 1 000 mm 等规格。

(2)盒尺。常用的盒尺有 1 m、2 m 等规格。

(3)游标卡尺。游标卡尺属于较精密的量具,一般在坯料有特殊要求时使用。

2. 工序二——核对坯料质量

对精密模锻件、温锻和冷锻件,按照工艺要求应核对坯料质量。常用设备有台秤、弹簧秤和电子秤等。

3. 工序三——核对坯料材质

（1）根据材料端部涂色核对坯料材质

在中小型锻造车间，由于产品不是单一的，使用的金属材料种类很多，故容易混淆，造成使用上的困难；而在材料端面涂上规定的颜色后，则容易识别。我国对不同材料规定有统一的涂色标记。

例如：20~25钢，涂色标记为棕色+绿色；30~40钢，涂色标记为白色+蓝色；45~85钢，涂色标记为白色+棕色。

（2）根据碳钢的火花鉴别及核对坯料材质

4. 工序四——检查坯料的表面质量

用眼观察坯料的表面缺陷，若表面锈蚀严重应及时清理。

5. 工序五——准备开炉

操作步骤如下：

（1）检查加热炉活动部件是否顺畅，紧固件是否松动。

（2）清理加热炉加热室的氧化皮及燃烧室残留的炉渣。

（3）冬季加热冷坯料时，应先将坯料在车间或炉前放置一段时间，再装炉加热，一般放置时间为一昼夜。

四、注意事项

1. 将坯料在高速旋转的砂轮上磨削鉴别火花时，操作人员应站在砂轮侧面，防止烫伤。

2. 装炉前应保证坯料材质和下料尺寸的准确。

 学习单元2　锻造加热炉的使用和维护

➢ 了解加热炉的种类及其简单构造
➢ 掌握加热炉的常用燃料特性
➢ 掌握加热炉的使用方法
➢ 能够进行加热炉的维护和保养操作

 **知识要求**

一、锻造加热炉的种类及其构造

1. 加热炉的分类

根据热源的不同,锻造加热炉可分为火焰加热炉和电加热炉。

(1) 火焰加热炉

利用固体、液体或气体燃料燃烧所产生的热能加热坯料的方法,可在火焰加热炉内进行。火焰加热炉通用性强,投资少,易于建造,同时燃料来源广泛,所以在锻造行业中广为使用。火焰加热炉的加热方式可分为两种:

1) 间歇式加热方式。包括手锻炉、室式加热炉、开隙式炉、台车式炉等。

2) 连续式加热方式。包括推杆式加热炉、转壁式加热炉、转底式加热炉和步进式加热炉等。

(2) 电加热炉

利用电能转变为热能来加热坯料,电加热炉控温准确,劳动条件好,加热缺陷少,易于实现机械化、自动化生产。缺点是加热设备复杂,投资费用高。电加热炉主要有电阻加热炉、盐浴加热炉和感应加热炉等。

2. 加热炉的主要参数

(1) 加热炉的规格

加热炉的规格以加热室(炉膛)的炉底尺寸(宽×长)来表示,如 0.58 m × 1.96 m 反射炉,0.58 m × 0.58 m 煤气室式加热炉,1.276 m × 1.74 m 燃油式加热炉。

(2) 加热炉的主要性能参数

加热炉的主要性能参数有最高炉温(℃)、最大升温速度(℃/h)、最大燃料消耗量(kg/h 或 m³/h)。一般锻造加热炉的最高炉温范围为 1 250 ~ 1 350℃。

3. 加热炉的主要结构

(1) 手锻炉

手锻炉又叫明火炉,燃料主要是焦炭和烟煤,一般在机修厂或乡镇企业小型锻造厂使用。手锻炉的结构形式多样,有单眼(单室)和双眼(双室)之分,也有移动式和固定式之分。如图 1—8 所示是常见固定式单眼手锻炉的简图。

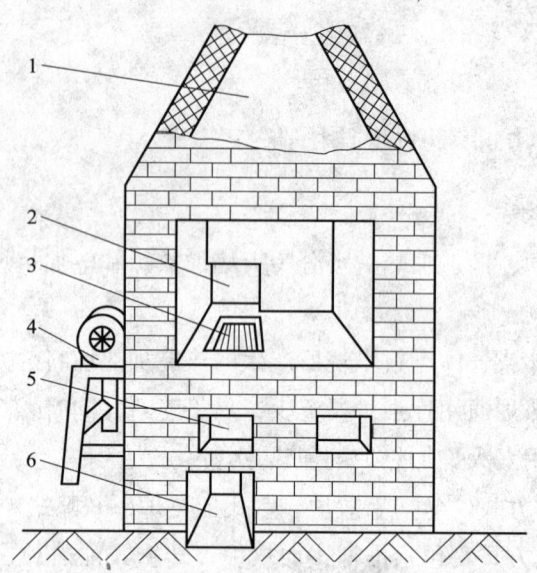

图1—8 固定式单眼手锻炉简图
1—烟囱 2—炉膛 3—炉箅 4—鼓风机 5—火钩槽 6—灰坑

燃料直接在炉膛2内燃烧，坯料直接埋在燃料中加热。燃料所需要的空气由鼓风机4经风管从炉箅3下方吹入，炉灰经炉箅3落入灰坑6中。燃烧产生的烟气经烟囱1排出。

（2）反射炉

反射炉主要由燃烧室、加热室、鼓风机、送风管、换热器、烟道和烟囱等组成，如图1—9所示。

1）加热室。加热室6装有坯料，燃料在燃烧室3燃烧产生的火焰通过火墙，由炉子的拱顶反射到加热室，对装在加热室的坯料进行加热。

2）换热器。换热器的主要作用是充分利用能源。空气由鼓风机8，经换热器11，被加热至200～500℃。加热的空气被风管1、4送入燃烧室，利于燃料的充分燃烧。

3）二次送风管。二次送风管4的作用是吹火焰通过火墙进入加热室。刚开炉时，二次送风阀门是关闭的，因为此时被送进的空气还是冷的，冷空气从二次送风管4送入，会把刚点燃的火焰压灭。当空气被换热器烤热时，逐渐打开二次送风阀门，热空气从二次送风管4送入，将火焰吹入加热室。

4）扩张排烟口。双层扩张排烟口也称双层拱门大排烟口，它的面积比传统排烟口大20%～30%。当炉气由炉膛进入炉门处，再进入到扩张室时，由于体积突然扩张，炉气的动压头转变为静压头，炉气的流动速度显著减慢，在烟道的抽力作

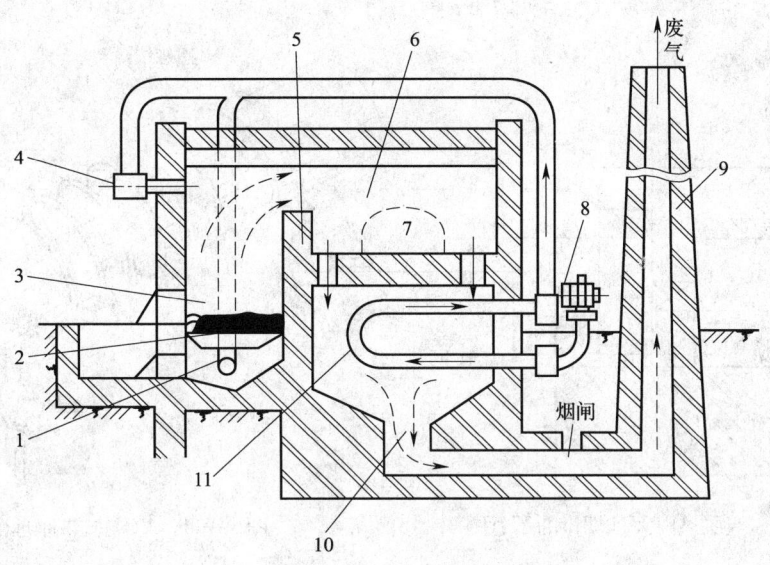

图1—9 反射炉简图

1——次送风管 2—炉算 3—燃烧室 4—二次送风管 5—火墙 6—加热室
7—装出料炉门 8—鼓风机 9—烟囱 10—烟道 11—换热器

用下炉气被顺利抽走。当打开炉门时,外界的冷空气也像炉气一样,在扩张室和炉气混合,一起从烟道被抽走,即冷空气进入不了加热室。该结构率先使用在锻造加热炉上,从此改变了反射炉炉门喷火冒烟的状况,具体结构如图1—10所示。

炉气由炉膛进入内炉门 A 处,再进入扩张口 B 处,由于体积突然扩张,炉气的流动压头变为静压头,流速变慢。空间 B 与烟道相连,在烟筒的抽力作用下,炉气被顺利抽走。当打开炉门时,从外炉门 C 处将吸入冷空气,在扩张口处与炉气混合,同时被抽走。炉气在 A 处的流速和压力比 C 处的冷空气流速和压力大,所以冷空气进入不了炉内。

反射炉的主要燃料是烟煤。反射炉比手锻炉炉膛大,有利于批量生产,不冒烟喷火,燃料利用率高,是中小型锻造车间使用最多的加热炉。

(3)感应加热装置

感应加热装置在锻造生产中应用最广的是中频感应加热炉,中频感应加热炉适用于模锻生产的小型坯料加热。工频感应加热炉适用于加热较大截面尺寸的坯料。将被加热的坯料置于交变的磁场内,金属的磁滞涡流产生热量,感应加热原理如图1—11所示。

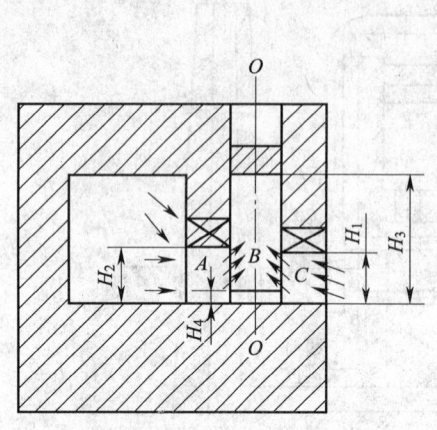
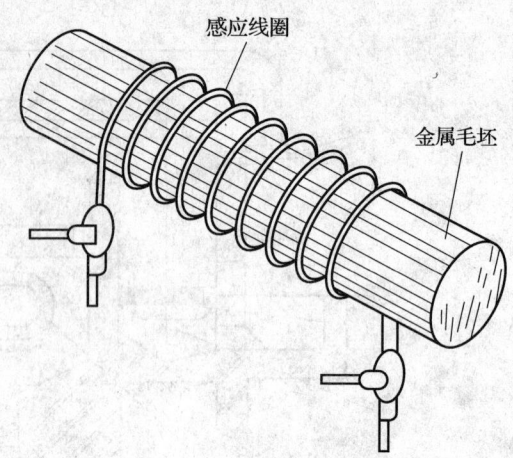

图1—10 双层拱门大排烟口的示意图　　图1—11 感应加热原理

感应加热装置加热效率高，速度快，加热的坯料氧化少，在大批量生产中得到广泛的应用。

二、锻造加热炉的常用燃料及其特性

锻造加热炉常用燃料可分为固体燃料和气体燃料。固体燃料有无烟煤、烟煤和焦炭；气体燃料有天然气和煤气。以往用重油作为液体燃料，由于污染环境，且价格较贵，现已很少使用。

固体燃料的优点是价格便宜，发热量高；缺点是不能完全燃烧，燃烧时烟灰大，污染环境，燃烧温度不易控制，操作人员的劳动条件差，劳动强度大。

气体燃料的优点是与空气混合，燃烧完全，可预热，燃烧温度易控制，污染小；缺点是有毒、易爆，需制定严格的安全措施。

一些常用燃料的特性如下：

1. 煤

（1）烟煤

烟煤颜色由灰黑到乌黑，主要成分是碳。烟煤的发热量较高，含有较多的挥发物，燃点低（470～500℃），易于点燃和燃烧，燃烧时火焰长；但含灰分较高，燃烧时产生大量烟气。我国烟煤资源丰富，分布较广，是目前乡镇锻造企业火焰反射炉的主要燃料。

（2）无烟煤

无烟煤又称白煤，颜色灰黑，质硬而有光泽，含碳量高，发热量高，灰分含量较少；燃烧时几乎无烟，火焰很短，在手锻炉中常使用。

（3）焦炭

焦炭由烟煤干馏后制成，呈银白色、发亮，敲打时声音清脆，含碳量很高，灰分含量少，发热量高；燃烧时无烟，火焰短，在手锻炉中使用。

2. 天然气

天然气的主要成分是甲烷，清洁、易燃，燃烧温度高，易于控制和调节，但无法储藏。邻近产气地区的锻造厂普遍使用天然气，而在远离产气地区的锻造厂使用会使成本增加，所以天然气的使用有局限性。

3. 煤气

煤气是由煤装在煤气发生炉中，在空气中燃烧不完全的情况下燃烧产生的。其主要成分是一氧化碳和氢气。煤气发热量较低，含有较高的焦油、污灰和水分等杂质。但煤气具有加热坯料质量好、热效率高、炉型结构简单和劳动条件好等优点，所以一些大中型企业仍在使用。

三、正确选择燃料

了解燃料的特性是为了正确选择燃料，选择原则有以下几个方面：

（1）保证坯料的加热质量。

（2）合理使用资源。

（3）保证燃料供应的充足稳定。

（4）环境污染较小和劳动条件较好。

各种燃料的选用见表1—6。

表1—6　　　　　　　　　　燃料的选用

比较项目	燃煤	燃油	燃气
加热质量	较差	较好	好
炉型结构	较复杂	简单	简单
热效率	低	较高	高
投资费用	低	较高	高
附属设施	简单	复杂	复杂
环境保护	差	较好	好
工作条件	差	较好	好

 技能要求

一、工作名称

加热炉的使用、维护和保养。

二、使用设备

燃煤锻造反射炉。炉底尺寸为 0.464 m × 0.580 m，炉底面积为 0.27 m²，最高炉温为 1 300 ℃，炉子生产率为 135 kg/h。

三、工作过程

1. 烘炉

新建或大修的炉子，在开炉前要经过充分的烘干，使砌体中的水分蒸发。
应严格控制炉子的烘烤和加热升温速度。具体步骤如下：

（1）烘炉开始要缓慢升温，炉温由 0℃ 升到 150℃，一般应不少于 6 h，升温速度不应大于 25℃/h。

（2）炉温达到 150℃ 时，应保温 3 h，使炉体中的水汽充分蒸发，以免炉体产生裂纹和破坏。

（3）继续升温，直到加热炉温度达到工作状态。在升温过程中要注意炉体的变化，防止因升温速度不当，导致炉体产生裂纹。

小型锻造加热炉的烘炉操作可以参照图 1—12 进行。

2. 开炉和停炉

开炉和停炉是初级锻造工应掌握的基本操作技术，是日常进行的一项基本工作。

煤炉开炉时一般用木材引火，然后逐渐开风升温，并及时加煤清渣；煤较均匀地燃烧，能使加热室保持微正压。停炉时首先关闭风机，然后打开炉门，翻转炉箅，清理燃烧室和加热室，最后关闭炉门，清理现场。

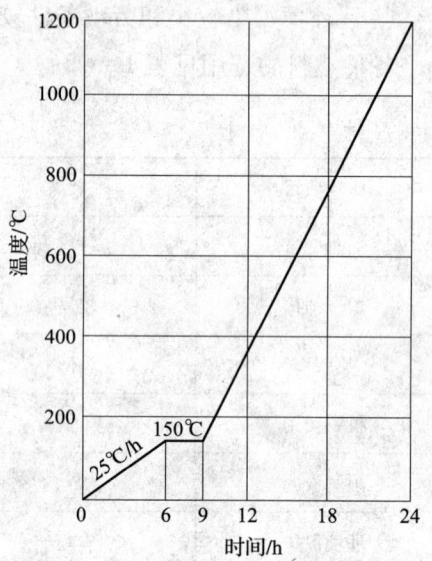

图 1—12 锻造加热炉的烘炉曲线

3. 加热炉的维护和保养

加热炉寿命除与砌炉质量、炉型结构等因素有关外，还与加热炉的日常维护和保养密切相关。加热炉维护和保养的操作要求如下：

（1）装出炉料时，不要砸碰炉底和炉门。

（2）加热温度应控制在加热炉允许的最高温度以下，否则容易损坏加热炉。

（3）经常清理炉底氧化皮等杂物，防止杂物对炉底造成侵蚀。

（4）加热炉活动部分，如炉门等，应经常保持润滑，防止生锈，定期检查。

（5）加热炉外部金属构件应涂耐温防锈涂料。

（6）加热炉墙体、预热装置、燃烧装置及通风系统应定期检查。

四、注意事项

（1）不要强行在体积小的炉子上加热过大过重的锻件；炉温过高容易烧坏加热炉。

（2）加热炉工作不正常时，不应勉强生产，以免造成过大的损失。

学习单元3　坯料装出炉

学习目标

➢ 掌握坯料装出炉的方式
➢ 能够进行锻坯的成批装炉、逐件出炉操作
➢ 能够进行锻坯的逐件装炉、逐件出炉操作

知识要求

一、坯料装出炉的方式

坯料的装出炉方式、堆放方式、坯料数量等都与锻造方法、操作方式、锻件质量、经济性等指标紧密相关。

1. 坯料在炉内的常见堆放方式

坯料在炉内的常见堆放方式有三种，如图1—13所示。

（1）少量坯料并排放置

放置间距应大于0.5倍的坯料直径，如图1—13a所示。

（2）多个坯料并排放置

放置间距很小或没有间隙，如图1—13b所示。

（3）多层次密度排放

多层次密度排放适用于成批加热，如图1—13c所示。

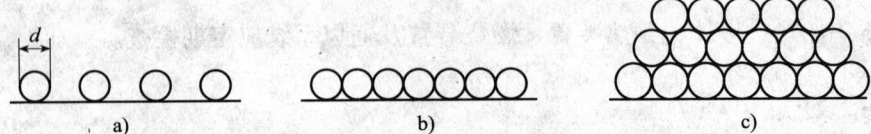

图1—13 坯料在炉内的常见堆放方式

a）少量坯料并排放置 b）多个坯料并排放置 c）多层次密度排放

如果采用单件装炉或坯料间距较大的装炉方式，坯料的加热质量好，但生产率低；如果采用多层次密度排放，坯料加热质量不容易保证，因为坯料加热到始锻温度后，在锻造过程中，炉内剩余的坯料容易过热，如果炉温继续升高，最后出炉的坯料很可能过烧。

2. 坯料的成批装炉、逐件出炉

该方法是将坯料成批装炉，将炉膛装满后，再进行加热。加热到始锻温度后，再逐件出炉锻造。锻造完成后，再装第二批料进行加热，依次循环。

该加热方式适用于小批量生产，坯料加热质量虽不高，但比较省力，有充分的生产准备时间。

3. 坯料的逐件装炉、逐件出炉

为了让各坯料加热条件一致，采用这种方式。先在炉内放置部分锻坯，加热到始锻温度后，逐件（可以是一件或多件）出炉锻造，同时又逐件（和出炉的件数相同）装炉（在空出的位置上），使加热炉内的坯料数量大体不变，像流水一样，坯料不断地装炉和出炉。

这种操作方式避免了锻坯的长时间加热，能耗低，各坯料的氧化皮少且受热均匀，但操作者的劳动强度增大，适合小件、小批量生产。

二、坯料装出炉的注意事项

1. 装炉前

装炉前的注意事项参见本节学习单元 1。

2. 坯料装炉

（1）为了保护加热炉底，炉底应铺以垫铁，垫铁的高度一般不低于 100 mm。

（2）为了便于炉气在加热室打旋、循环，坯料与炉墙的距离不得小于 200 mm。

（3）坯料不能直接接受火焰燃烧，坯料与烧嘴的距离不得小于 300 mm。

（4）在坯料加热过程中应经常翻转，保证坯料没有阴阳面。

（5）为了保证坯料的加热质量，坯料间距应不小于坯料截面直径或边长的 1/2。

（6）严禁在已经加热好的坯料旁边装冷料，装冷料时要与热料间隔一个坯料的直径或边长的距离。

3. 坯料出炉

（1）掌握目测炉温或仪表测温的方法，确保坯料的出炉温度符合锻造工艺要求。

（2）坯料出炉时，应观察坯料是否有阴阳面，如加热不合格，应继续加热至合格。

（3）坯料出炉时，应观察坯料是否过烧，如果存在过烧的可能，应提醒锻造操作工注意操作安全，防止溅渣伤人。

技能要求

一、工作名称

坯料的装炉和出炉。

二、工作任务

锻件名称为小轴，如图 1—14 所示。

锻坯材质为 45 钢，坯料质量为 2.3 kg，坯料尺寸为 ϕ65 mm×90 mm，锻造加热炉为燃煤反射加热炉，锻造设备为 250 kg 空气锤。

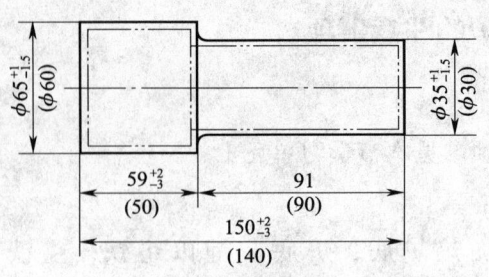

图 1—14 小轴的锻件图

三、工作过程

1. 锻坯成批装炉、逐件出炉

操作要求如下：

（1）核对坯料材质。坯料材质是 45 钢，运用材质鉴别知识，核对坯料材质。

（2）确定坯料入炉温度。小轴的始锻温度是 1 200℃，终锻温度是 800℃，对于此类锻件宜采用高温装炉，快速加热。装炉温度应高于始锻温度 30～50℃。

（3）成批装炉。根据加热室面积，装进一批坯料同时加热，坯料的具体数量还应根据锻造设备的生产率决定。

（4）逐件出炉。在加热过程中坯料需要翻转 1～2 次，加热好后逐个出炉锻造。

2. 锻坯逐件装炉、逐件出炉

由于各厂的设备条件不同，如果加热设备及锻造设备适于逐件装炉、逐件出炉的操作方式，也可选用该种加热方式。操作要求与成批装炉、逐件出炉基本相同，不同之处在于装炉时，先在炉内放置部分锻坯，加热到始锻温度后，逐件出炉锻造，同时逐件装炉，使加热炉内的坯料数量大体不变。

四、注意事项

（1）严格按操作规程进行操作。

（2）注意检查坯料加热前表面质量，发现有裂纹等严重缺陷时不应装炉。

第 2 节 炉温控制

学习单元 1 坯料温度的测量

学习目标

➤ 掌握加热温度对锻件质量的影响
➤ 能够目测坯料的加热温度,达到加工要求
➤ 能够使用测温仪表测量坯料的加热温度

知识要求

一、加热温度对锻件质量的影响

1. 氧化

钢在常温下也会氧化生锈,但这一过程是很缓慢的。钢加热达到 200~300℃ 时,表面会生成氧化膜,如果温度继续升高,氧化的速度也会加快,达到 1 000℃ 以上时,氧化过程开始激烈进行。如果假设 900℃ 时的烧损量为 1,那么 1 000℃ 时为 3.5,1 300℃ 时达到 7。减少氧化烧损量,主要从加热时间和炉气成分方面采取措施。

(1) 在保证坯料加热质量的情况下,尽量快速加热,缩短加热时间,尤其应使坯料在高温状态下的停留时间尽量短,应采用少装、勤装的操作方法。

(2) 为了防止炉内氧气过多,要尽量使燃料完全燃烧,减少过剩空气量。反射炉应采用大偏拱扩张室结构,防止冷空气吸入炉膛,使炉膛保持微正压。

坯料在加热时会有烧损,烧损量与坯料质量的百分比即烧损率见表 1—7。

表 1—7　　　　　　　　　　坯料烧损率

加热设备	烧损率	加热设备	烧损率
室式煤炉	2.5%~4%	油炉	2%~3%
煤气炉	1.5%~2.5%	感应加热炉	<0.5%

2. 脱碳

钢料在高温加热时，所含的碳与炉气进行化学反应，会造成钢料表面含碳量减少。如果脱碳层深度超过锻件的加工余量，会使零件的表面硬度和强度降低，影响零件的使用性能，所以在加热坯料时应注意防止脱碳，即注意加热温度、保温时间、炉气成分和坯料成分等。

3. 过热

坯料长时间处在高温状态下，会使晶粒过分长大，这种现象称为过热。过热的锻件晶粒比较粗大，会降低钢的力学性能。为了防止坯料过热，必须控制加热温度和时间。如果因锻压设备发生故障，长时间停锻时，必须降低炉温，防止坯料过热。

4. 过烧

坯料在加热过程中，超过始锻温度，接近坯料熔点温度时，坯料晶界间的低熔点物质开始熔化，同时炉气中的氧化性气体也会渗入坯料的晶粒边界，破坏了晶粒间的联系，坯料一经锻打即破碎而成为废品。如果说过热通过重新加热、再次锻造是可以挽救的话，过烧则是不能挽救的。

二、坯料温度的测量方法

1. 目测坯料的加热温度

目测坯料的加热温度是锻造车间对黑色金属最常用的一种方法。钢在加热到530℃以上时，会发出不同颜色的光色，其颜色与加热温度有关，见表1—8。

表1—8　　　　　　　　钢在不同温度下的火焰颜色

火焰颜色	加热温度/℃	火焰颜色	加热温度/℃
暗褐色	530~580	淡红色	830~900
赤褐色	580~650	橘黄色	900~1 050
暗红色	650~730	深黄色	1 050~1 150
暗樱红色	730~770	淡黄色	1 150~1 250
樱红色	770~800	黄白色	1 250~1 300
亮樱红色	800~830		

目测温度时，要注意车间光线的变化。阴天或黑夜，观察到的火色要相对亮些；在光线明亮的情况下，观察的火色要相对暗些。对初级锻造工而言，目测温度的误差在±50℃左右。

2. 用仪表测试坯料的温度

（1）热电高温计

热电高温计由热电偶、显示仪表和补偿导线组成。图 1—15 是热电高温计的工作原理图，图 1—16 是热电偶的结构图。

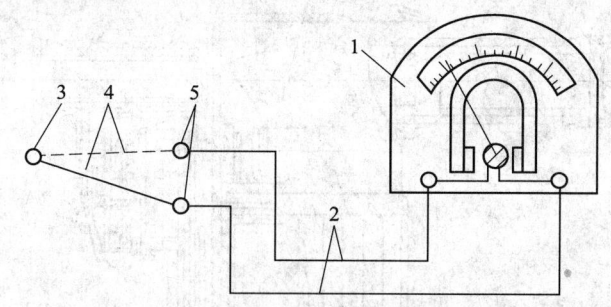

图 1—15 热电高温计的工作原理图
1—显示仪表 2—补偿导线 3—热接点 4—热电偶 5—冷接点

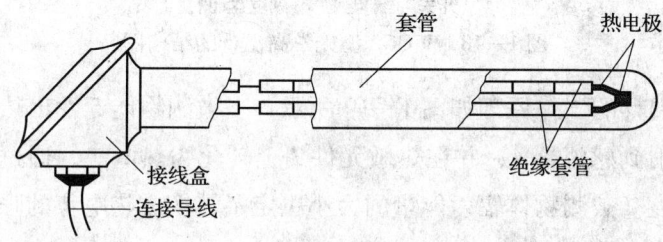

图 1—16 热电偶的结构图

将热电偶的热电极一端插入加热炉内，另一端与毫伏计连接，当工作端受热后，与自由端之间有温差，就产生电动势而转化成电流，显示在仪表上，从而可直接读出温度值。

（2）光学高温计

光学高温计是利用受热物体的单色辐射强度（即单色亮度）随温度升高而增长的原理制成的仪器。它是采用亮度

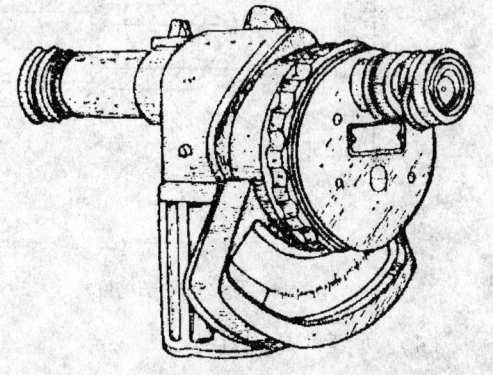

图 1—17 WGG2 型光学高温计外形图

均衡法进行温度测量的，使用方便，测温迅速，在锻造车间应用广泛。图 1—17 是 WGG2 型光学高温计的外形图，图 1—18 是 WGG2 型光学高温计的结构图。

光学高温计常用于需要测量坯料的加热温度，但又不方便在加热炉中安装热电偶的情况；有时也用来测量出炉后的坯料温度或正在进行锻造的锻坯温度。它是一种非接触式测温仪表，误差较大，一般为 ±20℃。

（3）全辐射高温计

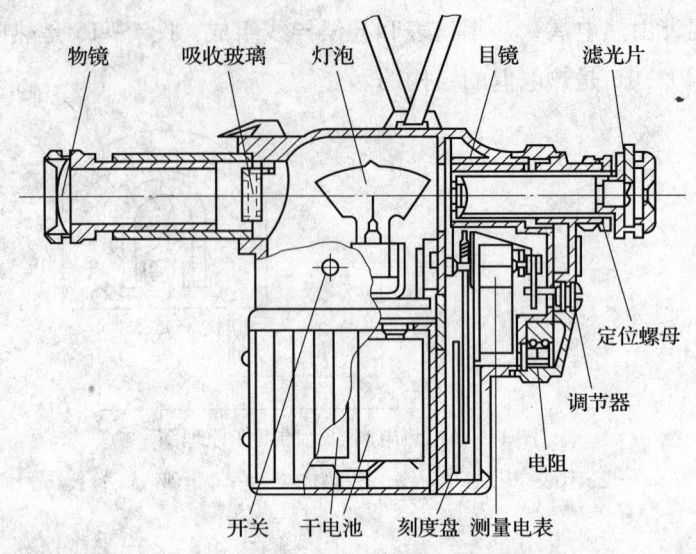

图1—18 WGG2型光学高温计的结构图

全辐射高温计的工作原理如图1—19所示，当被测物体5发出热辐射能量，通过透镜系统辐射到感温器4，并在热敏元件3上转化为热电势，通过显示器1显示被测物体的温度。被测物体辐射能量的大小决定了转换成热电势的强弱，以及在显示器上读出的温度数值。

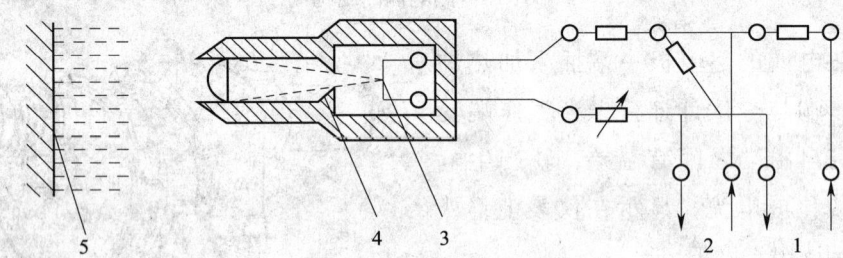

图1—19 全辐射高温计原理图

1—显示器 2—电子电位差计 3—热敏元件 4—感温器 5—被测物体

（4）远红外高温计

远红外高温计的工作原理，是将被测物体发出的红外辐射转换成相应的温度，用数字表示出来。远红外高温计采用了光学瞄准系统、调焦机构和微机处理等，准确性高，使用方便，是一种较为先进的测温仪。

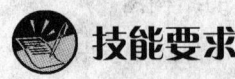 技能要求

一、工作名称

坯料温度的测量。

二、使用设备

锻造炉。

三、工作过程

1. 目测坯料的温度

（1）坯料加热到 530℃ 以上，根据坯料的颜色，判断其加热温度。

对初级锻造工而言，目测温度的误差应控制在 ±50℃ 以内。

（2）用光学高温计校核所测温度的准确性。

首先应学会使用光学高温计，参照图 1—18 按以下步骤操作：

1）调整零位调节器使指针在零处，将红色滤光片引入视场中，关闭开关。

2）物镜对准被测物体，移动目镜定位螺母，使被测物体的像出现在灯泡的灯丝平面上。

3）比较被测物体和灯丝的亮度，不断调节滑线电阻，使灯丝的亮度发生变化，直至灯丝的亮度与被测坯料亮度相同，如图 1—20a 所示。

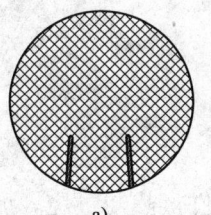  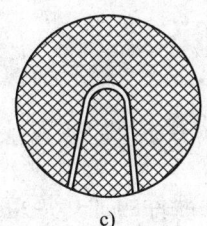

图 1—20 灯丝的亮度与被测坯料亮度的比较
a）灯丝温度正确 b）灯丝温度偏低 c）灯丝温度偏高

4）从测量电表的刻度盘上读出的数值便是被测物体的温度。

2. 用热电高温计测量炉温

（1）热电高温计的使用原则

热电高温计的使用主要根据使用温度、炉内气体环境和炉压来确定。一般钢材的加热温度上限为 1 300℃，热电偶可以使用瓷管保护的铂铑合金热电偶。

（2）热电偶的安装操作

1）热电偶一般应垂直于加热炉体安装，水平安装的热电偶使用一段时间后应旋转 180°，以免产生弯曲变形。

2）热电偶工作端插入炉内的深度不得小于 100 mm。

3）接线盒距离加热炉墙 200 mm 左右，盖紧接线盒顶盖，防止腐蚀性气体进入，热电偶冷端温度不应超过100℃。

4) 使用瓷管保护的热电偶，必须避免急冷急热，防止瓷管爆裂。

四、注意事项

(1) 目测锻坯温度时，注意车间光线的变化。

(2) 用热电高温计测量炉温时，也应观察炉膛的火焰颜色，以防仪表失灵。

学习单元 2　炉温调整和坯料的加热时间

 学习目标

➢ 掌握煤炉炉温的调整方法
➢ 能够根据测量温度确定普通碳钢坯料的出炉时间

 知识要求

一、炉温调整方法

根据锻件的加热规范进行坯料的升温、保温，防止锻件过热与过烧。加热室温度应根据锻件工艺要求确定，炉温一般可高于始锻温度30~50℃，炉温过高会使坯料过烧而无法锻造，同时也会降低加热炉的使用寿命。

对于火焰加热炉应根据火焰的颜色判定炉温，炉温过低时，应合理管理燃烧室，及时添煤，疏通炉栅，控制好风量，尤其是二次风供给量；炉温过高时，应调整炉门开启高度，必要时可以采用加放冷铁的方法降低炉温。

二、普通碳钢坯料的加热时间

1. 影响碳钢坯料加热时间的因素

(1) 低温预热阶段

炉温在800℃以下称为低温预热阶段，此阶段应缓慢升温，因为坯料装炉后其表面温度与炉温之间相差较大，加热速度过快，会产生较大的温度应力。如果坯料内还存有残余应力，坯料内部容易形成裂纹。因此，对于导热性很差或截面尺寸较大的坯料,加热时都需要经过低温预热阶段,采用缓慢的加热速度。

(2) 高温加热阶段

在高温加热阶段,由于钢的塑性迅速增大,温度应力和残余应力逐渐消退,产生裂纹的危险性基本消除,故可以进行快速加热。

2. 计算碳钢锻坯的加热时间

钢坯的加热时间是指坯料经预热、加热和均热等阶段,在炉内停留时间的总和。对于钢坯的加热时间,尚无成熟的理论计算公式,通常采用经验公式或图表资料来计算。

(1) 图表法

直径小于200 mm的钢坯单件加热时间 $T_{碳}$ 可按图1—21确定,坯料总的加热时间 τ 可以表示为:$\tau = K_1 \times K_2 \times K_3 \times T_{碳}$。

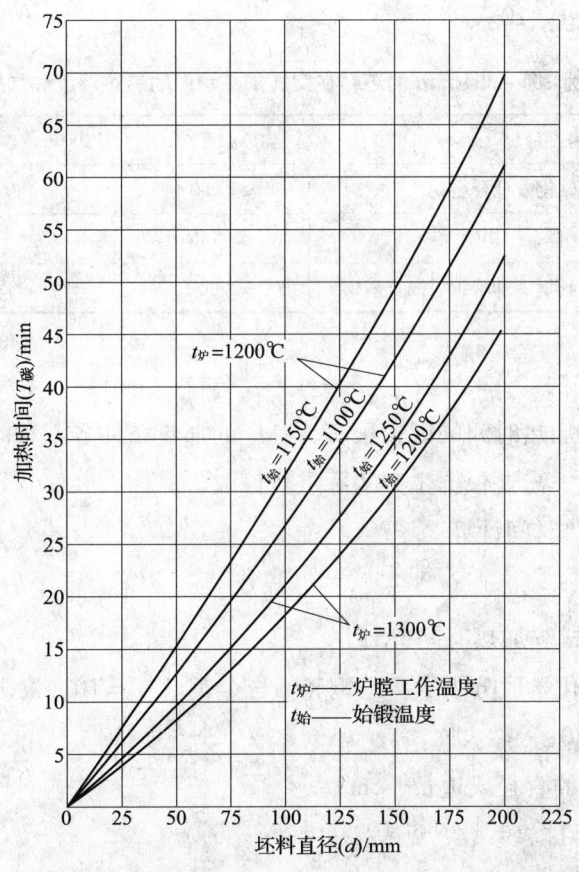

图1—21 单件碳钢圆坯在室式炉中的加热时间

图1—21中的曲线是碳钢圆钢坯在室式加热炉中单件的加热时间 $T_{碳}$,不同的

炉膛工作温度和不同的始锻温度,应按不同的曲线来确定。由于装炉方式、坯料尺寸和钢种不同,由曲线查得的加热时间还应分别乘以 K_1、K_2 和 K_3 等系数,表1—9为所取系数表。

表1—9　　　　坯料排放系数(K_1、K_2 和 K_3)取值表

装炉方式系数 K_1				坯料尺寸系数 K_2				钢材种类系数 K_3		
→∥←d	←d→	←d/2→	○○○○	长径比 ≥3	长径比 ≥2	长径比 ≥1.5	长径比 ≥1	碳素结构钢,低合金钢	碳素工具钢,中合金钢	高合金钢
1	1.2	1.32	2	1	0.98	0.92	0.71	1	1.25~1.3	1.3~1.5

直径为 200~350 mm 的钢坯在室式加热炉内加热时,装炉温度和每 100 mm 的平均加热时间见表1—10。

表1—10　直径为 200~350 mm 的坯料在室式加热炉内的装炉温度和加热时间

钢　种	装炉温度/℃	每 100 mm 坯料的平均加热时间/h
低碳钢、中碳钢、低合金钢	≤1 250	0.66~0.77
高碳钢、合金结构钢	≤1 150	1
碳素工具钢、合金工具钢、轴承钢、高合金钢	≤900	1.20~1.40

(2)经验公式法

由于影响坯料加热时间的因素很多,各厂的加热条件各不相同,所以经验公式计算方法误差较大,需要根据生产实际进行修改。

1)室式炉加热时间计算

$$\tau_{室炉} = \alpha K_1 D \sqrt{D}$$

式中　$\tau_{室炉}$——室式炉加热时间,h;

　　　α——钢坯化学成分因数,碳钢和低合金钢取 $\alpha=10$,高碳钢和高合金钢取 $\alpha=20$;

　　　D——坯料的直径或边长,cm;

　　　K_1——坯料排放系数,见表1—9。

2)连续炉加热时间计算

$$\tau_{连炉} = \alpha_1 D$$

式中　$\tau_{连炉}$——连续炉加热时间,h;

α_1——钢坯化学成分因数,见表1—11;

D——坯料的直径或边长,cm。

表1—11　　　　　　　　钢坯化学成分因数

钢种	α_1
碳素结构钢	0.1~0.15
合金结构钢	0.15~0.2
高碳工具钢和高合金钢	0.3~0.4

技能要求

下面通过典型实例,来计算碳钢锻坯的加热时间。

一、实例

1. 工作条件

锻坯材质为T9钢,坯料规格为ϕ100 mm×150 mm,始锻温度为1 100℃,加热炉温度为1 200℃,装炉方式为并排放置、坯料间距约100 mm,采用室式加热炉。

2. 工作过程

(1)根据图1—21进行计算,始锻温度为1 100℃,加热炉温度为1 200℃,由图中曲线查得单件加热时间为26 min。

(2)计算钢坯的加热时间:

总的加热时间 $\tau = K_1 \times K_2 \times K_3 \times T_{碳}$

由表1—9中查得各系数 $K_1=1.2, K_2=0.92, K_3=1.25$;$T_{碳}=26$ min。

$\tau = K_1 \times K_2 \times K_3 \times T_{碳} = 1.2 \times 0.92 \times 1.25 \times 26 = 35.88 \approx 36$(min)

二、注意事项

(1)注意确定坯料的加热时间,确保坯料不开裂。

(2)注意出炉时坯料的断面温差不应过大。

第 2 章
自由锻造

第 1 节　工艺及工具准备

学习单元 1　自由锻件图的识读

 **学习目标**

➢ 了解自由锻造的概念和特点
➢ 掌握锻件图的主要特点
➢ 掌握自由锻造的工艺规程
➢ 能够识读带孔盘类、圈类、轴类锻件等简单的自由锻件图

 知识要求

一、自由锻造

用简单的通用工具，在锻造设备的上下铁砧间直接对加热的坯料施加外力，使金属坯料产生塑性流动，通过这种施加外力的方法，可获得所需几何形状及内部质量的锻件。这种加工方法，称为自由锻造，简称自由锻。

自由锻造分为手工锻造和机器锻造两种。手工锻造只能锻制小型锻件，生产率也较低；机器锻造是自由锻造的主要方法。

1. 自由锻造的优点

自由锻造的工具简单，灵活性大，生产周期短，设备与工具的通用性强，生产准备容易，锻件大小不受限制（大到几百吨，小到几克）。

2. 自由锻造的缺点

自由锻造的生产率低，加工余量大，而且自由锻造工件的尺寸和形状要靠操作技术来保证，所以自由锻造要求工人有较高的技术水平。

3. 自由锻造的应用

自由锻造被广泛用于锻造形状较简单的单件、小批生产的锻件。由于自由锻造是将坯料逐步变形而成，所以对设备的功率要求不高，相比模锻可以加工更大的锻件，所以一些特大型锻件均需采用自由锻造来成形。

二、锻件图

零件图不能直接用于锻造生产，必须按照自由锻造工艺特点绘制锻件图。锻件图是锻造工艺和操作的最根本的依据，由技术人员绘制，锻造工必须会识读锻件图，以保证正确的锻造生产。

锻件图分为冷锻件图和热锻件图。冷锻件图指锻件产品图，在冷锻件图的基础上考虑收缩率而绘制成热锻件图，热锻件图的尺寸要比冷锻件图的尺寸大，通常所说锻件图即指冷锻件图。

1. 锻件图的主要特点

（1）锻件图是工艺规程中的核心内容，它是以零件图为基础，结合自由锻造工艺特点绘制而成的。

（2）绘制锻件图应考虑以下几个因素：余块、加工余量、锻件公差。

（3）锻件图的轮廓图线有粗实线和细双点画线两种：粗实线表示锻件的轮廓形状，细双点画线表示零件的轮廓形状。

（4）锻件图标有锻件尺寸和零件尺寸两种尺寸：锻件尺寸和公差标注在尺寸线上方，零件尺寸加括号标注在尺寸线下方。

2. 简单自由锻件图

简单自由锻件图有轴类锻件图、盘类锻件图、圈类锻件图等。

（1）轴类锻件图

如图2—1所示为轴类零件图，由于考虑到锻件的后续机械加工余量和加工的方便，相应的锻件图如图2—2所示。

轴类锻件图可以由一个非圆主视图来表达，如果是圆轴，只需标注直径尺寸，但如果有非圆的台阶，需用剖面来表示，锻件图应加出余量和余块，如图2—2所示。余量是为后续机加工留出的加工余量，数值可参考相关手册；余块是为减少锻造困难而敷加的材料，即如果直径相差不多的台阶，为了锻造方便，将小尺寸直径锻成与大尺寸直径一样的尺寸，在后续的加工中去除。

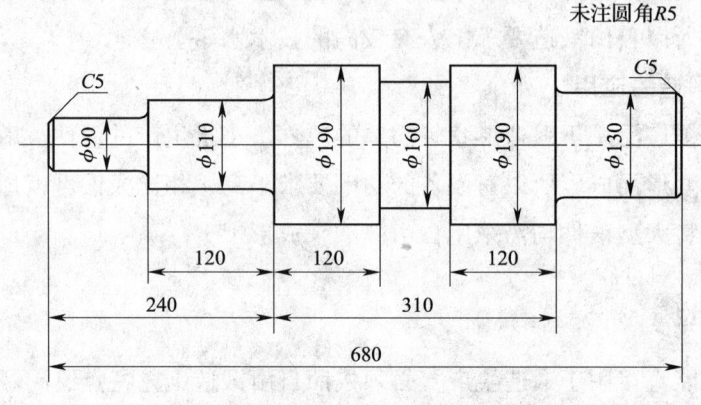

图2—1　轴类零件图

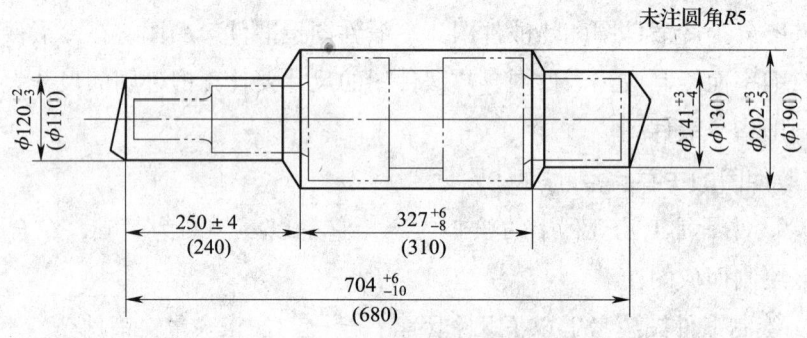

图2—2　轴类锻件图

（2）盘类锻件图

盘类锻件分为无孔盘类锻件（见图2—3）和带孔盘类锻件（见图2—4）。

1）无孔盘类锻件。根据零件高度（H）与直径（D）的关系，可分为短圆柱（$0.5D < H \leqslant 1.5D$）和圆饼子（$H \leqslant 0.5D$）。如果$H > 1.5D$，锻件就归为轴类。

无孔盘类锻件图可以由一个非圆的主视图表示，直径要用ϕ表示，锻件图的直径和高度应大于相应零件的直径和高度。

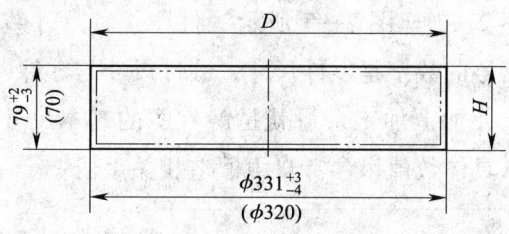

图 2—3 无孔盘类锻件图

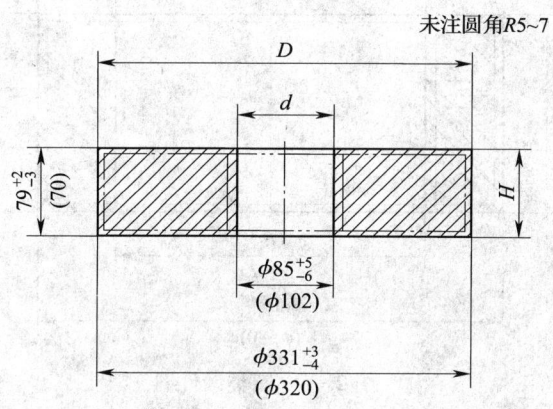

图 2—4 带孔盘类锻件图

2）带孔盘类锻件。带孔盘类锻件是指零件高度 H 小于或等于 1.5 倍的外径 D（H≤1.5D），零件孔的直径 d 小于或等于 0.5 倍的外圆直径 D（d≤0.5D），但零件孔径不能小于 ϕ25 mm，小于 ϕ25 mm 的孔将在后续的机加工工序中钻出。

带孔盘类锻件图也可以由一个非圆的主视图表示，并且一般应采用全剖视图，锻件图的内孔应比零件图的内孔小。

（3）圈类锻件图。圈类锻件是指薄壁大孔的制件，即零件高度 H 小于等于外径 D（H≤D），零件孔的直径 d 大于 0.5 倍的外圆直径（d>0.5D），圈类锻件的孔是通过冲孔后扩孔成形的。

圈类锻件图和带孔盘类锻件图一样，采用一个非圆的全剖主视图表示，锻件图的直径和高度应大于相应零件的直径和高度，锻件图的内孔应比零件图的内孔小，如图 2—5 所示。

3. 自由锻件图的术语

（1）加工余量

自由锻造通常不是制件的最后工序，锻造后需要机械加工来达到所要求的零件尺寸，因此锻造图中的锻件尺寸要留有后续机械加工的余量，以保证达到零件所要求的最终尺寸。如图 2—2 至图 2—5 所示锻件图，其尺寸线上方的数字是锻件尺寸，尺寸线下方加括号的数字是零件尺寸，锻件尺寸与零件尺寸差就是锻件后续的机加工余量，零件尺寸加上加工余量就是锻件图的基本尺寸，加工余量与锻件结构、锻件尺寸有关，具体数值可参考自由锻造相关手册。

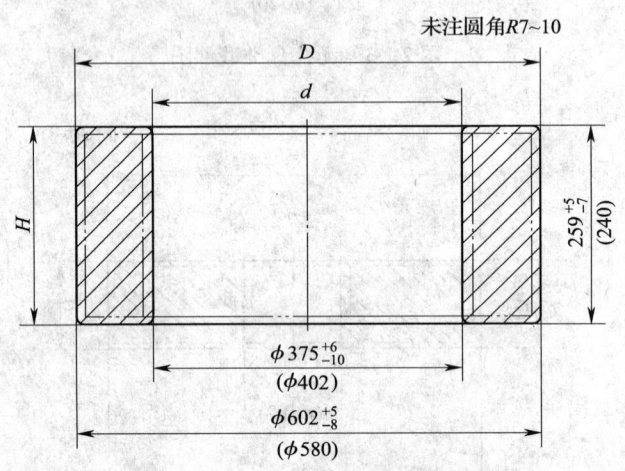

图 2—5　圈类锻件图

（2）锻造公差

由于锻造加工的尺寸不易控制，其锻件根据加工工艺、锻件等级、尺寸和结构都要有一个允许公差范围，自由锻造工件的尺寸不易控制，公差也较大。不同类型的锻件，锻造公差也不同，公称尺寸越大，锻造公差越大，锻件公差可参照图 2—2 至图 2—5，具体数值及确定方法可参考自由锻造相关手册。

（3）工艺余块和余面

由于自由锻造是使用简单的工具来成形，制件的某些部分难以被锻出来，因此可以对制件的这些部分添加一些大于加工余量的金属，称为工艺余块。余面是指锻件台阶处邻接的圆角和端部斜面。如图 2—6 所示的轴类锻件，当两个相邻的台阶直径尺寸比较接近或两个大直径中间夹一个小直径的台阶时，由于锻造困难，设置工艺余块，能使锻造过程变得更容易；而相邻台阶可以使用端部余面来过渡，可简化锻造难度，并在各直径和两端加余量。余量、工艺余块和余面将在后续的机加工工序中去除。

（4）台阶

轴类锻件的某一段直径（或非圆形尺寸）大于邻接的另一段直径（或非圆形尺寸）的部分，称为台阶，如图 2—7 所示。

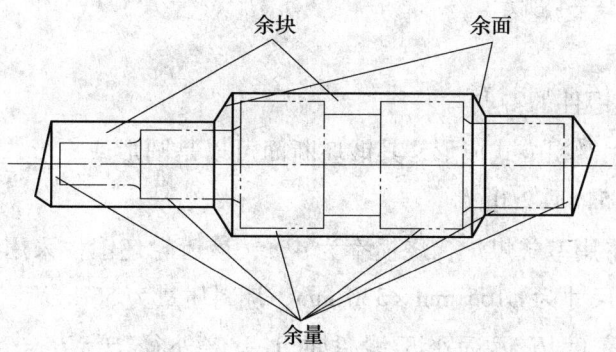

图 2—6 锻件的余量、余块和余面

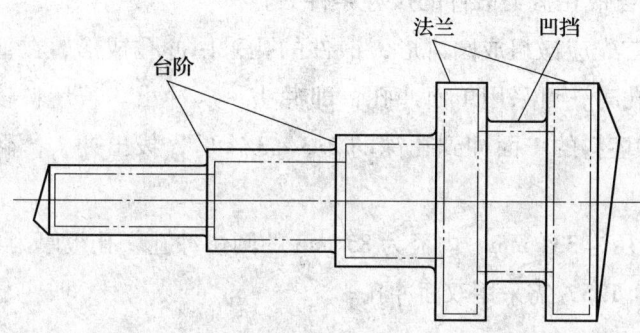

图 2—7 台阶、法兰和凹挡

（5）凹挡

锻件的某一部分径向尺寸小于相邻两部分的径向尺寸时，则小尺寸部分称为凹挡，如图 2—7 所示。

（6）法兰

锻件上某段台阶的直径是该段台阶轴向长度的 2～4 倍，而且该段台阶的直径是相邻部分的最大直径的 1.5 倍以上时，该段部分称为法兰，如图 2—7 所示。

 技能要求

下面通过典型实例，来识读带孔盘类、圈类、轴类锻件的锻件图。

一、带孔盘类锻件图

1. 工作名称

齿轮坯锻件图的识读。

2. 工作任务

锻坯材质为 45 钢，中小批量生产，加热炉为室式煤炉，锻造方法为锤上自由锻，锻件图如图2—4所示。

3. 工作过程

（1）齿轮坯锻件的特点

1）锻件采用镦粗方式成形，其锻坯断面可以是圆形或方形，圆形截面坯料的高径比不大于2.5，取2.0。

2）加热炉采用室式煤炉，烧损率为4%，该齿轮坯锻件采用的坯料为圆形截面，计算原材料尺寸为 $\phi165$ mm×330 mm，坯料质量为55 kg。

3）锻件的高度 H 远远小于锻件的1.5倍外径 D（$H=79$ mm ≤ $1.5D=496$ mm），零件孔的直径 d 远小于0.5倍的外圆直径 D（$d=85$ mm ≤ $0.5D=165.5$ mm），符合带孔盘类锻件的尺寸条件。

4）该锻件首先应镦粗成圆饼形，锻件的孔采用冲孔成形，在薄坯料（$H/D<0.125$）上冲通孔时，可采用单面冲孔，即冲头一次冲出。若坯料较厚，可采用双面冲孔，即先在坯料的一面冲到孔深的2/3～3/4后，拔出冲头，翻转工件，再从另一面冲通。

本锻件是外径为331 mm、内径为85 mm的圆饼冲孔，孔板厚为79 mm，$H/D=79/331=0.24>0.125$，需采用双面冲孔。

（2）看锻件图的步骤

1）看标题栏，了解锻件。从标题栏（标题栏省略，由工作任务来了解）可以了解锻件的名称、材质和原材料规格等内容。该锻件的名称为齿轮坯，材质是45钢，原材料尺寸为 $\phi165$ mm×330 mm，坯料质量为55 kg。

2）看懂视图。先看主视图，再找其他视图，弄清各视图的投影关系。该锻件属于盘类零件，只需一个视图表示，由图2—4可以看出，直径为331 mm的圆盘及中心处直径为85 mm的孔。

3）想象锻件形状。在看懂视图的基础上，想象锻件的三维结构，如图2—8所示。

4）分析锻件尺寸和公差。找出长方体锻件的长、宽、高三个方向的尺寸基准及圆柱类锻件的径向和轴向尺寸基准，再从基准出发，了解各形体的定形和定位尺寸。

径向尺寸以轴线为基准，内孔为 $\phi85$ mm，外圆为 $\phi331$ mm；轴向尺寸以端面为基准，高为79 mm，内孔的圆角为 $R5\sim7$ mm。

图2—8 齿轮坯锻件的三维图

自由锻造的齿轮坯的加工余量是后续机加工的余量,应符合带孔盘类相应的标准,如外径的加工余量是 11^{+3}_{-4} mm,内孔的加工余量是 17^{+5}_{-6} mm,高度的加工余量是 9^{+2}_{-3} mm。

5) 分析技术要求,综合归纳看懂全图。锻件的技术要求有表面与内部质量、形位公差、热处理及检验要求等几项内容。

二、轴类锻件图

1. 工作名称

齿轮轴坯锻件图的识读。

2. 工作任务

锻坯材质为 40Cr 钢,中小批量生产,锻造方法为锤上自由锻,钢坯尺寸为 ϕ60 mm × 113 mm,锻坯质量为 2.5 kg,锻件图如图 2—9 所示。

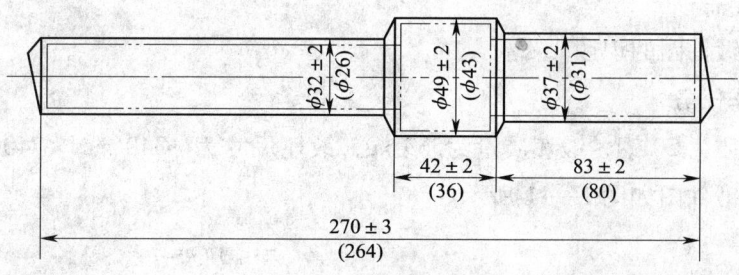

图 2—9 齿轮轴坯锻件图

3. 工作过程

(1) 齿轮轴坯锻件的特点

该锻件为阶梯轴,有三段,锻件两端需分别拔长,锻出两台肩,锻件中间为齿轮位置,是锻件的重要部分,为了保证该处的质量,需对该处锻造变形,所以坯料直径取 60 mm。

主要工序是拔长。

(2) 看锻件图的步骤

1) 了解锻件。从工作任务了解该锻件的名称为齿轮轴坯,材质是 40Cr 钢,原材料尺寸为 ϕ60 mm × 113 mm,锻坯质量为 2.5 kg。

2) 看懂视图。该锻件属于轴类零件,只需要一个视图来表示,各段皆为圆柱形,锻件图各表面和两端面均留有余量,有两处余面,即锻件台阶处邻接的端部斜面。

3) 想象锻件形状。锻件形状如图 2—10 所示。

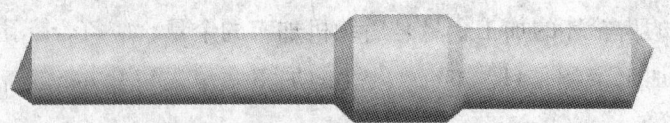

图2—10 齿轮轴坯形状

4）分析锻件标注尺寸和公差。如图2—9所示，锻件的直径尺寸为φ32 mm、φ49 mm和φ37 mm；轴向尺寸为42 mm、83 mm和270 mm。

自由锻造的齿轮轴坯的加工余量是后续机加工的余量，应符合轴类相关的标准，如直径的加工余量为（6±2）mm，轴向总长的加工余量为（6±3）mm，齿轮部分的轴向加工余量为（6±2）mm，φ37 mm轴的轴向加工余量为（3±2）mm。

5）分析技术要求，综合归纳看懂全图。

三、圈类锻件图

1. 工作名称

法兰圈锻件图的识读。

2. 工作任务

锻坯材质为20钢，锻坯质量为539 kg，锻坯尺寸为φ340 mm×740 mm，中小批量生产，锻件图如图2—11所示。

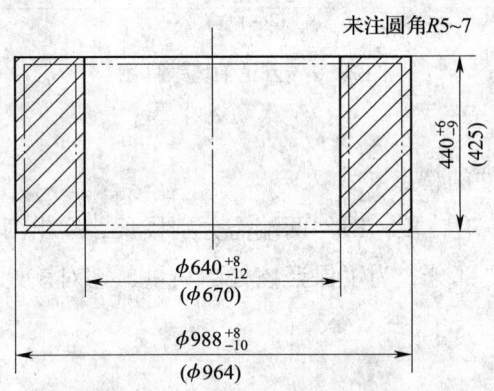

图2—11 法兰圈锻件图

3. 工作过程

（1）圈类锻件的特点

该锻件高度H（440 mm）小于外径D（988 mm），锻件孔的直径d（640 mm）大于0.5倍的外圆直径D，为圈类锻件。

圈类锻件加工时先冲出直径较小的孔，再扩孔。扩孔是减小空心毛坯壁厚而增加其内外径，或仅增加其内径的锻造工序，用来锻造环形锻件（如轴承环等）。扩孔的基本方法有冲头扩孔和心轴扩孔两种：冲头扩孔适用于外径与内径之比较大的锻件；心轴扩孔也称为马杠扩孔，在马架上进行，可锻造大孔径的薄壁锻件。该法兰圈使用心轴扩孔。

（2）看锻件图的步骤

1）看标题栏，了解锻件。该锻件的名称为法兰圈，材质为20钢，原材料尺寸为 $\phi340\ mm \times 740\ mm$，锻坯质量为539 kg。

2）看懂视图。该锻件属于圈类零件，只需要一个视图来表示，锻件直径用 ϕ 表示。

3）想象锻件形状。锻件形状如图2—12所示。

4）分析锻件标注尺寸和公差。径向尺寸以轴线为基准，内孔为 $\phi640\ mm$，外圆为 $\phi988\ mm$；轴向尺寸以端面为基准，高为440 mm，未注圆角为 $R5 \sim 7\ mm$。

自由锻造的法兰圈的加工余量是后续机加工的余量，应符合圈类相应的标准，如外径的加工余量为 $24^{+8}_{-10}\ mm$，内孔的加工余量为 $30^{+8}_{-12}\ mm$，高度的加工余量为 $15^{+6}_{-9}\ mm$。

图2—12 法兰圈形状

5）分析技术要求，综合归纳看懂全图。

四、注意事项

（1）读图时不仅要注意图形，还要分析该类锻件的特点及技术要求。

（2）读尺寸时，不仅要看锻件尺寸，还要看尺寸线下方括号内的尺寸，明确其加工余量，以避免由于错位等原因造成锻件报废。

学习单元2　自由锻造工艺的识读

 学习目标

➢ 掌握自由锻造的基本工序：镦粗、拔长、冲孔、弯曲、扩孔、错移、切割、扭转、锻接

➢ 掌握自由锻造的辅助工序和修整工序

▶能够识读带孔盘类、圈类、轴类锻件自由锻造工艺

知识要求

一、自由锻造的工序

自由锻造的工序包括基本工序、辅助工序和修整工序三部分。

1. 基本工序

自由锻造的基本工序是使金属坯料产生一定程度的塑性变形,以得到所需形状、尺寸或改善材质性能的工艺过程。它是锻件成形过程中必需的变形工序,有镦粗、拔长、冲孔、弯曲、扩孔、错移、切割、扭转、锻接等工序。实际生产中最常用的是镦粗、拔长和冲孔三个工序。

(1) 镦粗

镦粗指沿工件轴向进行锻打,使其长度减小,横截面积增大的操作过程。镦粗常用来锻造齿轮坯、凸缘、圆盘等零件,也可作为锻造环、套筒等空心锻件冲孔前的预备工序。

镦粗可分为完全镦粗和局部镦粗两种形式:完全镦粗是使整个坯料高度减小,横截面积增大的工序,如图2—13a所示;局部镦粗是对坯料的某一部分进行的镦粗,如图2—13b、c所示。

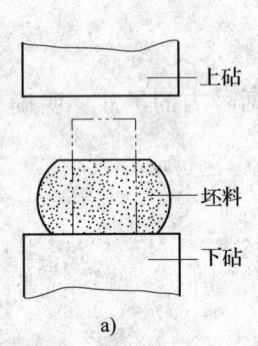
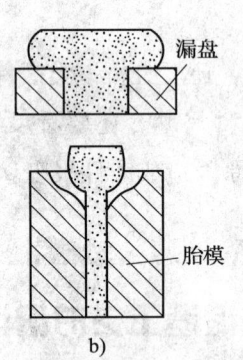
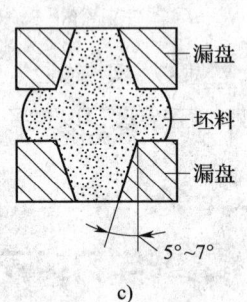

图 2—13 镦粗示意图
a) 完全镦粗 b) 端部镦粗 c) 中间镦粗

镦粗时,坯料不能过长,以免镦弯,或出现细腰、夹层等现象;高度与直径之比应小于2.5。坯料镦粗的部位必须均匀加热,以防止出现变形不均匀。

镦粗主要用于制造高度小、截面积大的工件,如圆盘、齿轮等;作为拔长的前道工序是为增加以后拔长时的锻造比,以提高锻件的性能;冲孔前可镦平坯料端面。

（2）拔长

拔长也称延伸，是使坯料横截面积减小、长度增加的锻造工序。拔长常用于锻造杆、轴类零件。拔长的方法主要有两种：

1）在砧板上拔长。可以在平砧上拔长，即垂直于工件的轴向进行锻打，使其截面积减小，长度增加，如图2—14a所示，常用于锻造实心轴类和杆类等零件，如曲轴、拉杆、轴等。

对于圆形坯料，一般先锻打成方形后再进行拔长，最后锻成所需形状；或使用V形砧或成形砧进行拔长，如图2—14b所示，在锻造过程中要将坯料绕轴线不断旋转，使用V形砧拔长可以避免锻件出现纵向裂纹，而且锻造成圆形更容易。

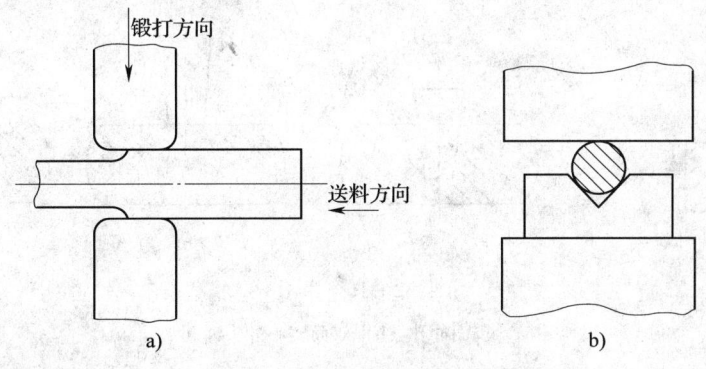

图2—14 拔长
a）平砧拔长 b）V形砧拔长圆坯料

2）在心棒上拔长。如图2—15所示，锻造时先将心棒插入冲好孔的坯料中，然后当做实心坯料进行拔长。拔长时，一般不是一次拔成，而是先将坯料拔成六角形，锻到所需长度后，再倒角滚圆，取出心棒。为便于取出心棒，心棒的工作部分应有1∶100左右的斜度。这种拔长方法可使空心坯料的长度增加，壁厚减小，而内径不变，常用于锻造长轴类空心件，如圆环、套筒等。

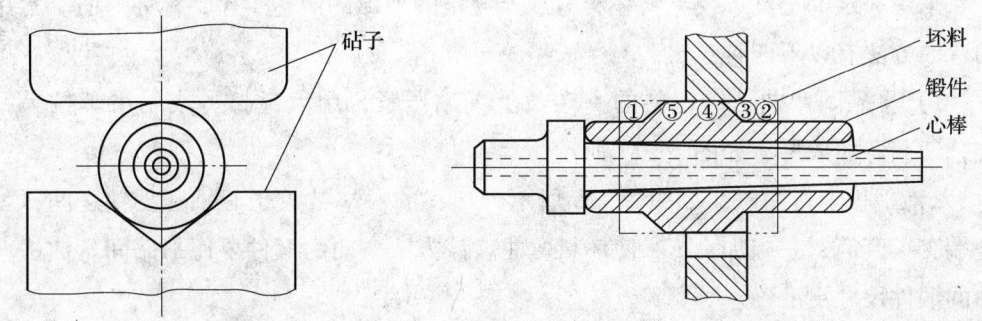

图2—15 心棒拔长顺序示意图

(3) 冲孔

冲孔是利用冲头在工件上冲出通孔或盲孔的操作过程，常用于锻造齿轮、套筒和圆环等空心锻件。冲孔的方法主要有以下两种：

1) 单面冲孔法。该方法适合薄坯料。冲孔时，坯料置于垫环上，将一略带锥度的冲头大端对准冲孔位置，用锤击方法打入坯料，直至孔穿透为止，如图2—16a 所示。

2) 双面冲孔法。该方法适用于厚坯料。用冲头沿坯料端面的垂直方向冲至 2/3～3/4 深度时，取出冲头，翻转坯料，再用冲头从相反端面对准就位，冲出孔来，如图2—16b 所示。采用双面冲孔，可以避免在孔的周围冲出毛刺。

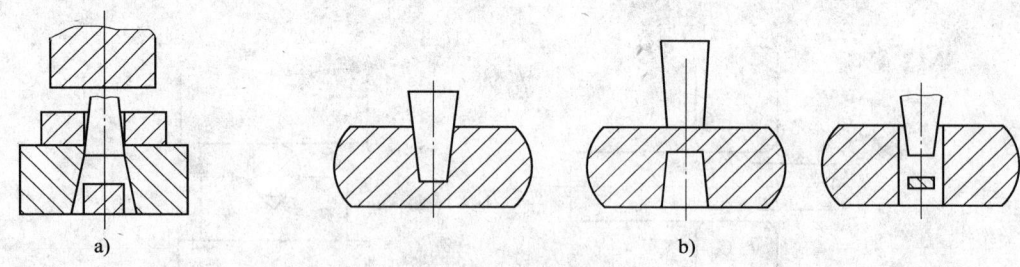

图 2—16 冲孔
a) 单面冲孔 b) 双面实心冲头冲孔

实心冲头双面冲孔时，当坯料的高度大于坯料的直径时，圆柱形坯料会产生畸变，应采用空心冲头冲孔。

对于直径小于 25 mm 的孔一般不锻出，而是采用钻孔的方法进行加工；单面冲孔的薄料高径比（H/D）小于 0.125；而对于高径比（H/D）大于 0.125 的厚料，需采用双面冲孔；对直径大于 400 mm 的孔，可采用空心冲头冲孔。

(4) 弯曲

采用一定的工具、模具将坯料弯成所规定的外形的锻造工序，称为弯曲。常用的弯曲方法有以下四种：

1) 平砧间弯曲法。坯料的一端被上下砧压紧，用大锤打击或用吊车拉另一端，使其弯曲成形，如图 2—17 所示。

2) 平板上弯曲法。如图 2—18 所示，坯料的一端被放于心轴和挡铁之间，另一端套入套筒，并施加力 F，使坯料弯曲。该方法弯曲的锻件要比平砧间弯曲法弯曲的锻件尺寸更准确。

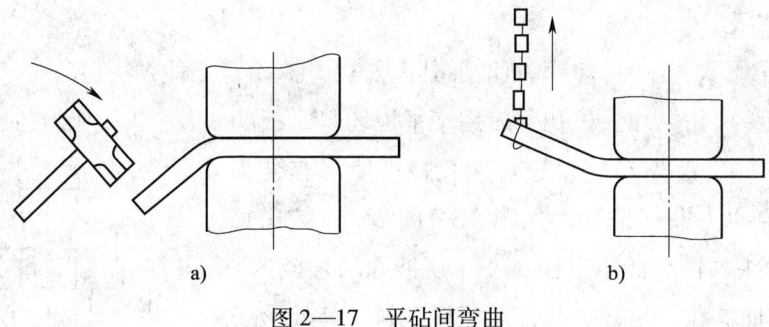

图 2—17 平砧间弯曲
a) 锤弯 b) 拉弯

3) 支架上弯曲法。如图 2—19 所示，根据弯曲点的位置，将坯料放于支架上的转轮之间，形成两个支点；再根据弯曲内径，在坯料上方放置棒，并加力，使坯料弯曲。该方法适合弯曲较复杂的大中型锻件，由于支点是可转动的滚轮，弯曲部分截面变形小，而由于支点位置可调，并且上方棒的半径可换，所以可以弯曲不同半径和不同角度的锻件。

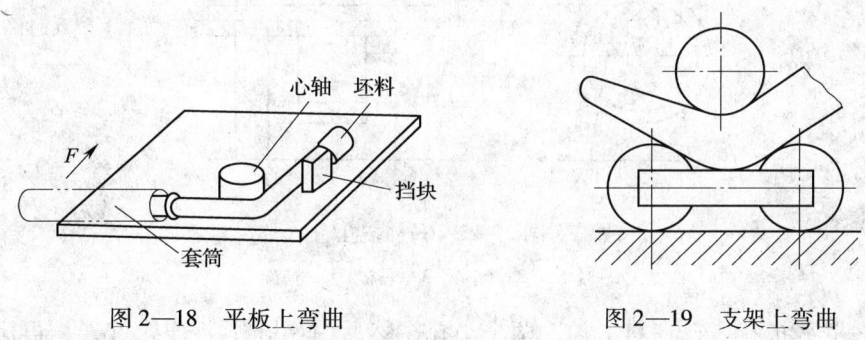

图 2—18 平板上弯曲　　　　　图 2—19 支架上弯曲

4) 胎模弯曲法。在胎模中弯曲能得到形状和尺寸较准确的小型锻件，如图 2—20 所示。

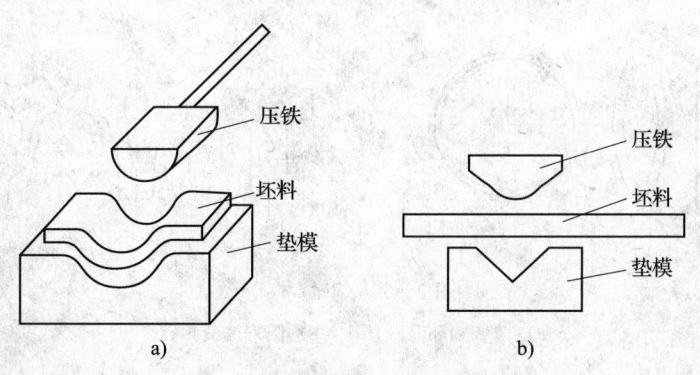

图 2—20 胎模弯曲
a) 圆弧弯曲　b) V 形弯曲

(5) 扩孔

扩孔可减小空心坯料壁厚而增加其内外径，扩孔有三种方法：

1) 冲头扩孔。冲头扩孔一般用于平板坯料，板的外形不受限制，首先对坯料进行冲孔，再使用有锥头的直径大的冲头进行扩孔，如图 2—21 所示，扩孔直径为 d，冲头的锥头最小直径 d' 小于所冲孔的直径。

2) 马杠扩孔。马杠扩孔针对筒形坯料，其外形必须是圆形，将马杠穿入坯料的孔中，马杠支撑在马架上，沿坯料圆周进行锤击将孔扩大，壁厚减小，如图 2—22 所示。由于马杠扩孔是逐渐成形，不易产生裂纹，适合制造薄壁圆环锻件。

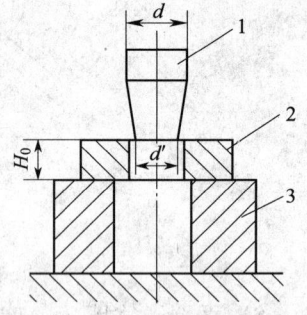

图 2—21　冲头扩孔

1—扩孔冲头　2—坯料　3—漏盘

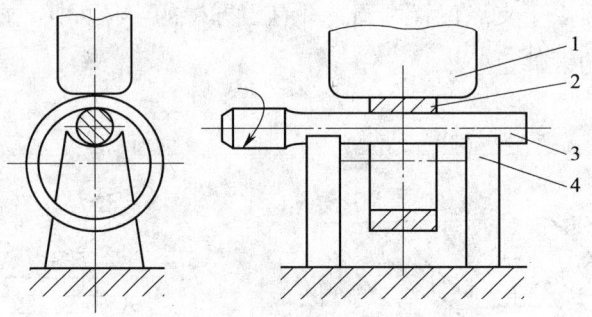

图 2—22　马杠扩孔

1—上砧　2—坯料　3—马杠　4—马架

3) 劈缝扩孔。在坯料上预冲两个小孔，然后沿两孔中心连线劈开，再用冲头胀开切口成圆形，如图 2—23 所示。这种方法适用于制造大孔薄壁圆环锻件或外形不规则的带孔薄壁锻件。

图 2—23　劈缝扩孔

a) 薄壁圆环劈缝扩孔　b) 圆箍劈缝扩孔

(6) 错移

错移是指将坯料的一部分相对另一部分平行错开一段距离，但仍保持表面与中心面平行的锻造工序。错移时，先对坯料进行局部切割，然后在切口两侧分别施加大小相等、方向相反且垂直于轴线的冲击力或压力，使坯料实现错移，如图 2—24 所示。错移用于曲轴等偏心或不对称的锻件。

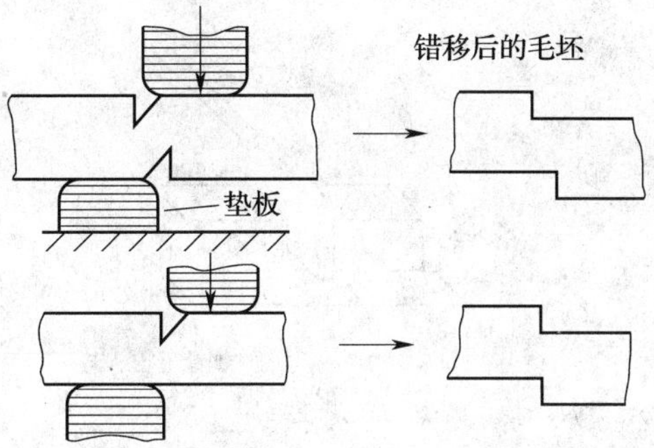

（7）切割

切割是将坯料完全或部分地割开，或从坯料的外部割掉一部分，或从内部割出一部分的锻造工序。切割用于下料、切头和剁下锻件。

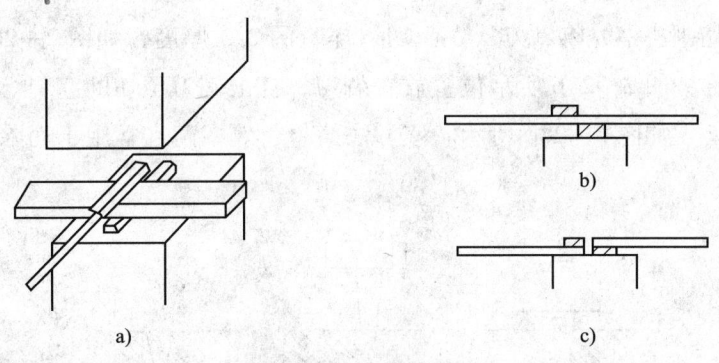

图 2—24 错移

切割工具有剁刀和克棍。常用切割方法有以下五种：

1）克断法。克断法用于切割薄坯料。切割时将坯料放在上下克棍之间（见图 2—25a），两克棍之间留有一定的间隙（见图 2—25b），锤击克棍，坯料被切断，如图 2—25c 所示。

图 2—25 克断法

2）单面切割。单面切割是将剁刀垂直放在坯料的切割线上，锤击剁刀使其切入坯料，直到底部留下一层略小于克棍厚度的连皮（见图 2—26a），取出剁刀，再将坯料翻转 180°，把克棍放在连皮上，如图 2—26b 所示，锤击克棍，坯料被切断。单面切割的特点是切割断面平整、无毛刺，用于切割截面尺寸小的坯料或锻件。

3）双面切割。可分为无毛刺切割和有毛刺切割。

无毛刺切割法是剁刀分别从两面切入约 1/2 厚度，中间留有连皮，如图 2—27a 所示，再用剁刀背或克棍放在切口的连皮上，如图 2—27b 所示，打击剁刀，坯料被切断，如图 2—27c 所示。该方法切割的特点是切割断面平整、无毛刺，但用该方法切连皮时一定要轻击，否则对剁刀和上砧的损害较大。该方法不常使用。

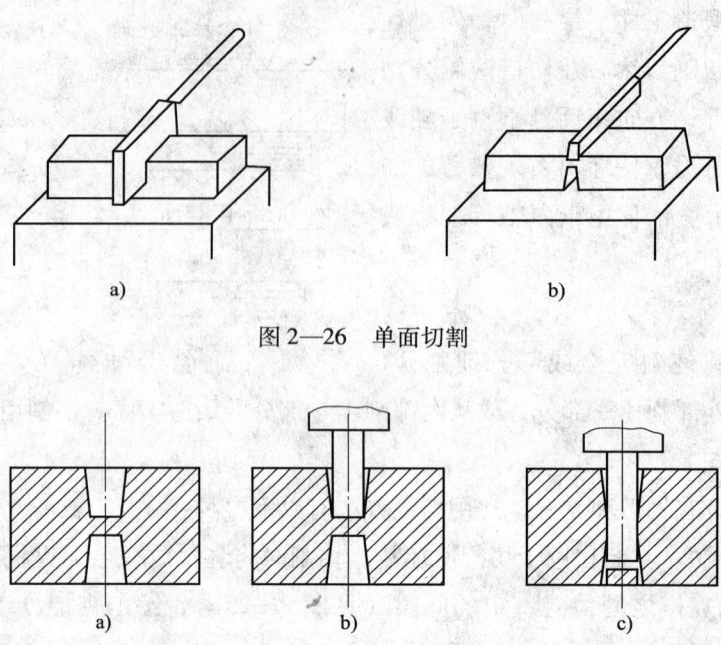

图2—26 单面切割

图2—27 无毛刺双面切割

有毛刺切割法是先将剁刀从一面切入坯料的2/3厚度，如图2—28a所示，再翻转坯料，在如图2—28b所示位置放置剁刀，打击剁刀至切断坯料。该方法切割极易产生毛刺，如图2—28c所示。该方法简单，效率高，常用于切除料头，毛刺留在料头上。

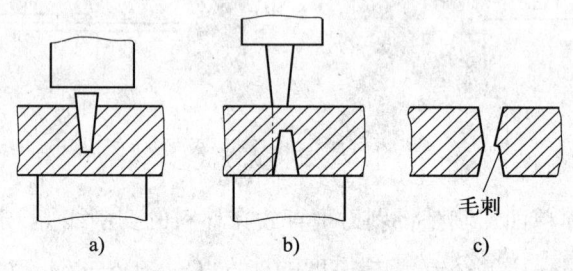

图2—28 有毛刺双面切割

4）四面切割。四面切割有两种方法：

一是首先使用剁刀将坯料的上下两面相对切割，如图2—29a所示。再将坯料翻转90°，在第三面切割，留有连皮，如图2—29b所示。再将坯料翻转180°，用克棍切除连皮。

二是剁刀从四面切入，中间留连皮，切断时将剁刀背向下放在连皮上，打击剁刀，切断连皮，如图2—30所示。

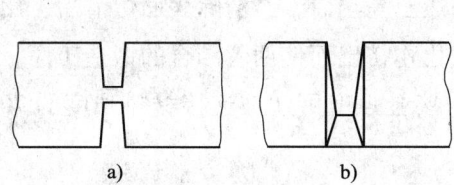
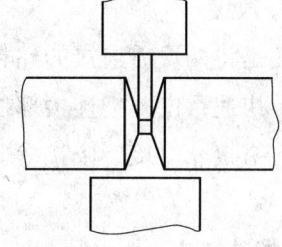

图2—29　四面切割方法一　　　　　图2—30　四面切割方法二

四面切割的坯料端面平整，无毛刺，常用于切割大截面坯料。

5）圆周切割。对于大直径的圆形坯料，采用圆周切割是最有效的方法。

切割分三刀完成，刹刀垂直于圆棒轴线。第一刀切入圆形坯料的1/3～1/2，如图2—31a所示；取出刹刀后，坯料沿轴线旋转120°～150°，如图2—31b所示。第二刀仍然切入圆形坯料的1/3～1/2，如图2—31c所示；取出刹刀后，坯料沿轴线旋转120°～150°，如图2—31d所示。第三刀切下剩下的部分，如图2—31e所示。

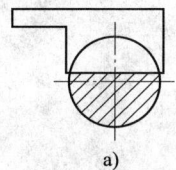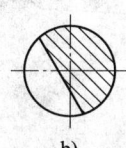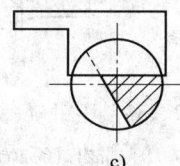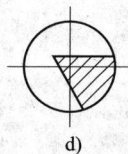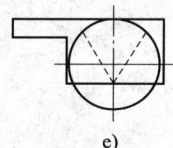

图2—31　圆周切割过程

（8）扭转

扭转是将坯料的一部分相对于另一部分绕其轴线旋转一定角度的锻造工序。该工序多用于锻造多拐曲轴和校正某些锻件。

当小型坯料的扭转角度不大时，使用上下砧压住锻件的一侧，用锤击方法使锻件扭转，如图2—32a所示。对于大型锻件，使用上下砧压住锻件的一侧，用扭转扳子夹住需要扭转的部分，靠吊车拉力使锻件扭转，如图2—32b所示。

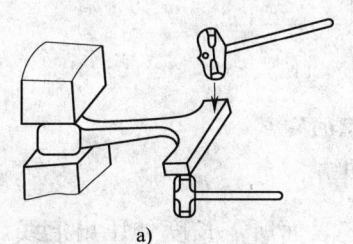
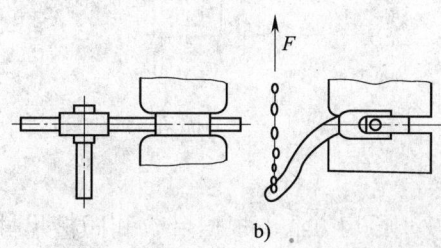

图2—32　扭转
a）小型坯料扭转　b）大型坯料扭转

(9) 锻接

锻接是将两块需连接的坯料在炉内加热至高温后,经清除表面熔渣后,用锤先轻击,再快速重击,把连接部位的金属氧化物挤出而使两者结合的锻造工序。锻接的方法有搭接、对接、咬接等。锻接后的接缝强度可达被连接材料强度的70%~80%。

2. 辅助工序

为使基本工序操作方便而进行的预变形工序称为辅助工序,如压钳口、压肩等。

(1) 压钳口

为了方便操作时对锻坯的夹持,将钢锭的冒口部分锻成一定长度的方形或圆形的工序称为压钳口,如图2—33所示。钳口只是在锻造过程中使用,最后会把钳口切割掉,所以钳口要取钢锭中内部缺陷最多的冒口部分。

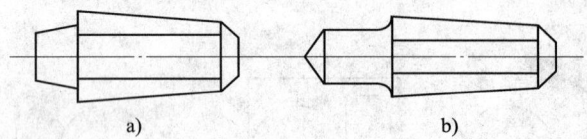

图2—33 压钳口
a) 钢锭 b) 带钳口的钢锭

(2) 压肩

在锻造阶梯轴或凹槽类锻件时,为了锻出台阶、凹挡或凹槽,需要对坯料先进行压肩的辅助工序,如图2—34所示为锻制台阶或凹槽与压肩的关系。

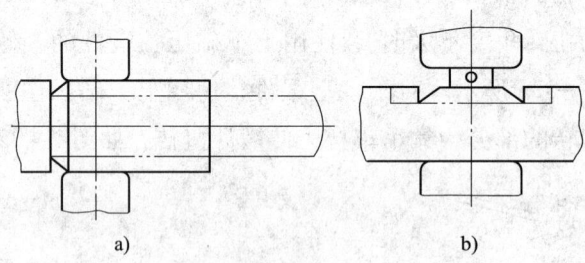

图2—34 锻制台阶或凹槽与压肩的关系
a) 台阶轴的压肩 b) 单面槽压肩

1) 压肩方法。根据台阶和凹槽尺寸,先在毛坯表面所需长度处压出痕线后,用三角剁刀或圆棒进行局部压肩,如图2—35所示。

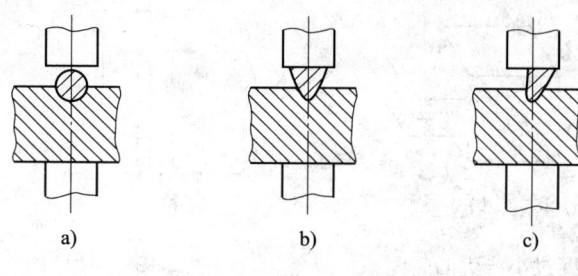

图2—35 压肩
a) 用圆棒压肩 b) 用双面三角剁刀压肩 c) 用单面三角剁刀压肩

2) 压肩深度。压肩深度 B 应为单面台阶高度的 $1/3 \sim 1/2$，即 B 取 $(1/3 \sim 1/2)$ $(D-d)/2$，如图2—36a 所示。要求压肩深度小的部分，一般采用圆棒压肩（见图2—35a）；对于大于 20 mm 的压肩深度，使用单面三角剁刀进行压肩的方法更为常见（见图2—35c）。压肩深度过浅，锻压台阶较困难；但压肩深度过深，拔长后会出现压肩处的深痕或折叠（见图2—36b），使锻件报废。

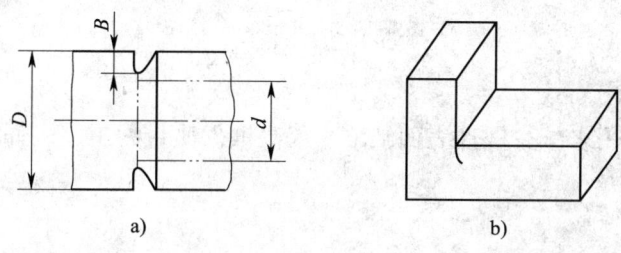

图2—36 压肩深度

3) 三角剁刀几何参数。除了压肩深度的要求，三角剁刀的几何参数也很重要，如图2—37 所示的三角剁刀的圆弧半径 R 和斜度 β 值越大，台阶根部越容易出现拉裂现象，另外凸肩长度越小，也越容易出现拉裂现象。

4) 端部压肩。当锻件端部拔长时，如果太靠近端部，就容易锻不出来，或造成凹心、夹层现象，如图2—38 所示。端部拔长的压肩长度 A 的要求：圆形截面（见图2—39a），$A > 1/3D$；矩形截面（见图2—39b），$A > 0.4H$。

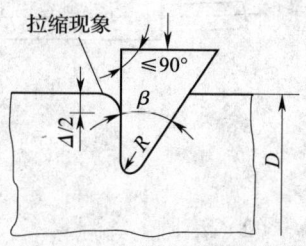

图2—37 三角剁刀尺寸

如果锻件端部拔长的压肩长度 A 太短，可以先把端部镦成圆弧，再压肩，最后拔长，如图2—40 所示。采用这种方法，$A > 0.2D$ 即可。

a)　b)

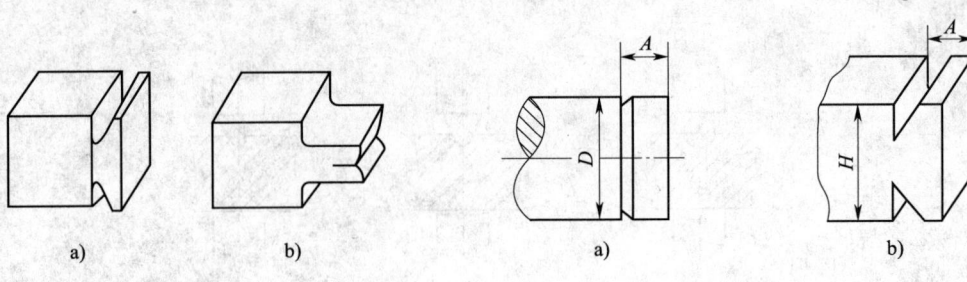

图2—38　压肩长度过小产生的问题

a）锻不出　b）夹层

a)　b)

图2—39　锻件端部拔长压肩长度

a）圆形截面　b）矩形截面

a)　b)　c)

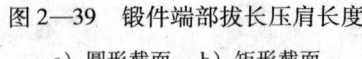

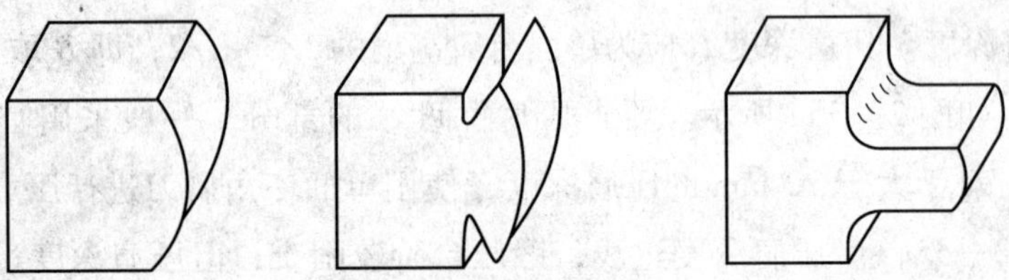

图2—40　避免夹层的方法

a）镦圆弧　b）压肩　c）拔长

3. 修整工序

修整工序是用来减少锻件表面缺陷或提高锻件质量的工序，如校正、滚圆、平整、倒棱等。

（1）校正

锻件在锻造或热处理过程中，往往会出现弯曲、扭曲等各种变形，需使用校正工序进行校直、校正，如图2—41所示。如果采用冷校正，需对锻件进行去应力退火。

a)　b)

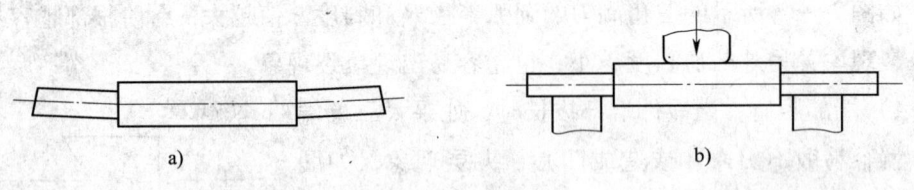

图2—41　校正

a）校正前　b）校正示意图

（2）滚圆

镦粗时，会使锻件呈鼓形。用工具、模具或锤砧将坯料一边绕轴线旋转，一边进行锻造的工序，称为滚圆。锻件经过滚圆，呈圆柱形，滚圆工序如图2—42所示。

（3）平整

冲孔、扩孔或滚圆等工序，都会造成锻件上下端面不平整，需要平整工序平整端面，如图2—43所示。

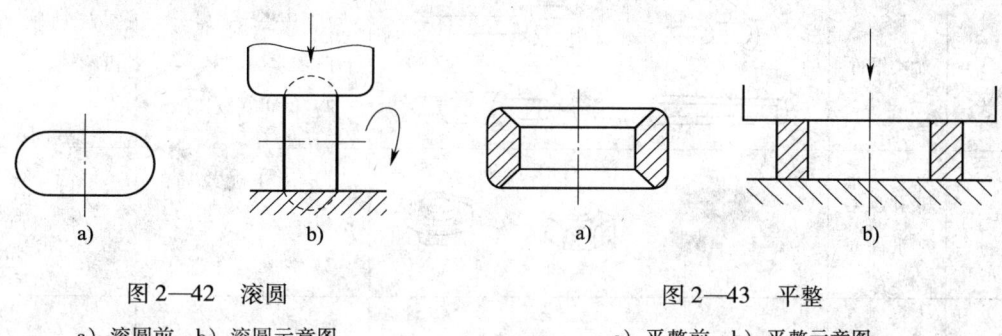

图2—42 滚圆
a）滚圆前 b）滚圆示意图

图2—43 平整
a）平整前 b）平整示意图

（4）倒棱

拔长锻造后，坯料表面往往会有如图2—44a所示的棱角，对棱边轻轻锻压，以消除锻坯棱角的锻造工序，称为倒棱，如图2—44b所示。

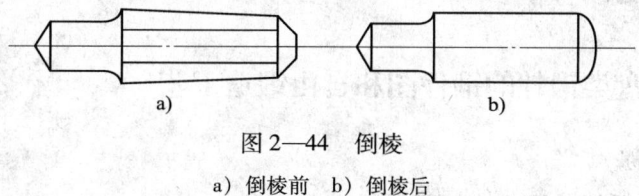

图2—44 倒棱
a）倒棱前 b）倒棱后

二、自由锻造的工艺规程及其内容

自由锻造的工艺规程是指导自由锻造生产、规定操作规范、控制和检验产品质量的依据。包含以下内容：

1. 绘制锻件图。
2. 确定成形工件的最佳基本工序。
3. 计算坯料质量及尺寸。
4. 选择锻造设备和工具。
5. 确定锻造温度范围和加热、冷却及热处理规范。
6. 提出锻件技术要求及验收要求。
7. 填写工艺卡等。

三、典型工件自由锻造的工序

轴类、带孔盘类和圈类锻件的自由锻造工序见表2—1。

表 2—1　　　　　　　　　　自由锻件

序号	类别	图例	自由锻造工序	实例
1	轴类锻件		1）拔长、切肩、镦台阶 2）镦粗、拔长	传动轴、齿轮轴、连杆等
2	带孔盘类锻件		1）镦粗（或局部镦粗） 2）冲孔	法兰、齿轮、叶轮等
3	圈类锻件		1）镦粗 2）冲孔 3）心轴扩孔	圆环、齿圈、法兰等

 技能要求

一、带孔盘类锻件的锻件图和自由锻造工艺

1. 工作名称

齿轮坯锻件的锻件图和自由锻造工艺的识读。

2. 工作任务

锻坯材质为 45 钢，中小批量生产，锻件图见表 2—2。

3. 工作过程

（1）识读自由锻造工艺规程

齿轮坯的自由锻造工艺见表 2—2。

表 2—2　　　　　　　齿轮坯的自由锻造工艺

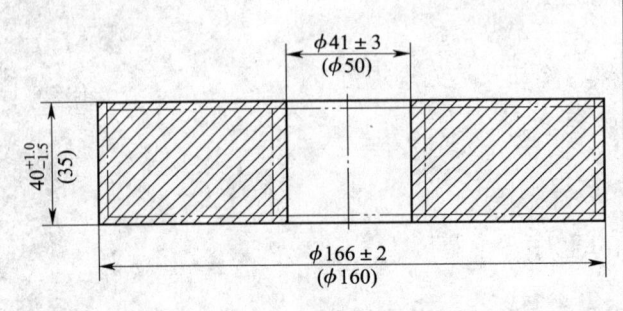

锻件名称：齿轮坯

锻坯材料：45 钢

锻坯尺寸：φ50 mm×110 mm

锻坯质量：1 684 g

续表

序号	工序	简图	温度	设备	工具
1	镦粗	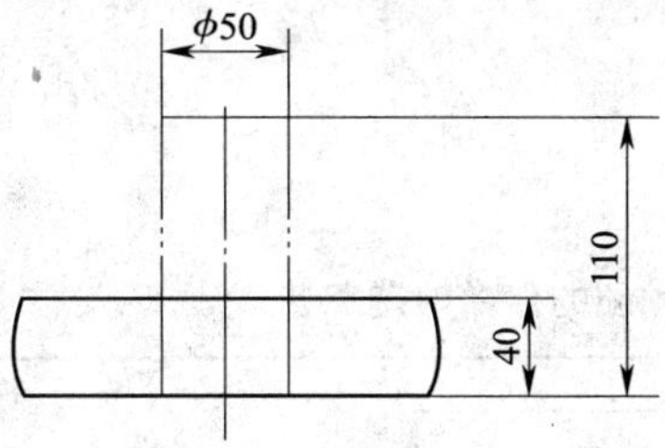 φ50, 110, 40	1 200~800℃	750 kg 自由锻空气锤	平砧
2	双面冲孔	40			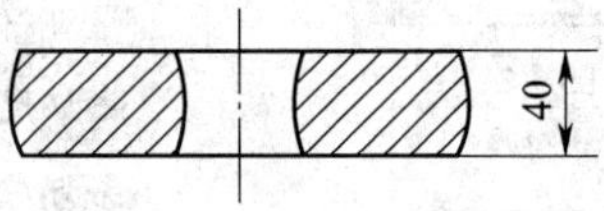 平砧、冲头
3	修整	滚外圆 / 平整端面			平砧、冲头

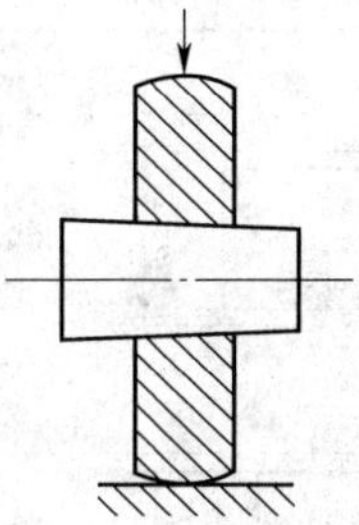

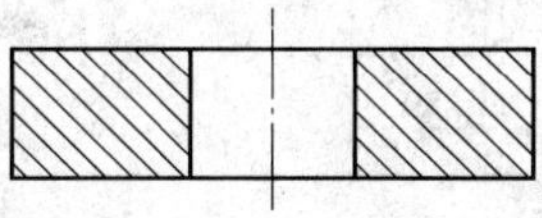

（2）自由锻造工序

1）镦粗。将 φ50 mm × 110 mm 的毛坯，高径比（H/D）为 2.2，镦粗为 40 mm 高的鼓形圆饼。

2）冲孔。中心冲孔，尺寸为 φ41 mm，因为 $H/D = 40/166 = 0.24 > 0.125$，所以采用双面冲孔。

3）修整。此修整分为两步：首先滚外圆，以消除凸肚，滚外圆时，不取出冲头，以保证圆孔在修整时不变形；之后取出冲头，再放在平砧上进行轻击，以平整滚外圆而引起的端面不平。

二、轴类锻件的锻件图和自由锻造工艺

1. 工作名称

齿轮轴坯锻件的锻件图和自由锻造工艺的识读。

2. 工作任务

锻坯材质为40Cr钢，中小批量生产，锻坯质量为2.5 kg，锻件图见表2—3。

3. 工作过程

（1）识读自由锻造工艺规程

齿轮轴坯自由锻造工艺见表2—3。

表2—3　　　　　　　　齿轮轴坯的自由锻造工艺

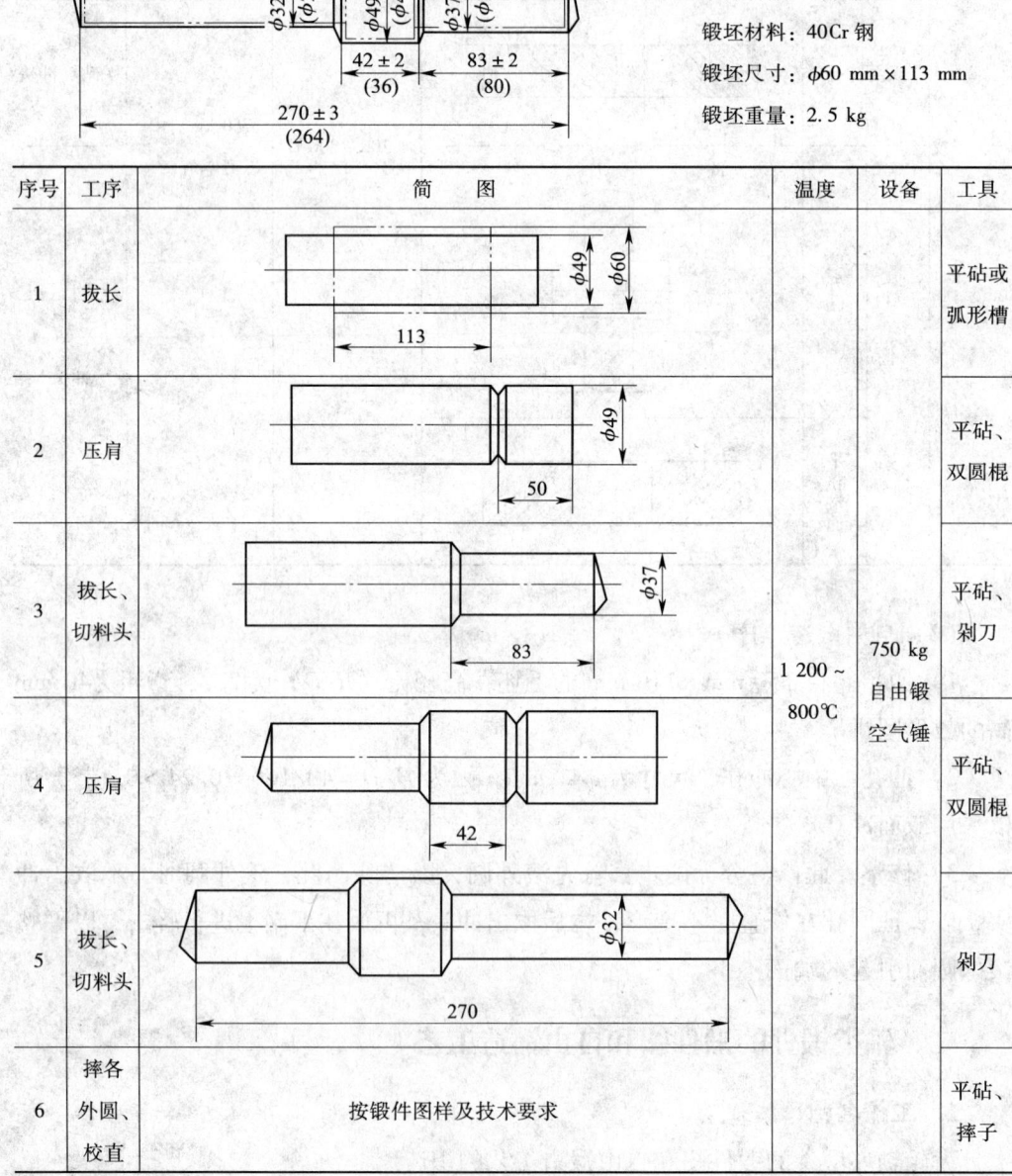

(2) 工序

1) 拔长。将 ϕ60 mm×113 mm 的圆钢毛坯，拔长为 ϕ49 mm 的棒，可使用平形砧，先锻成截面为 49 mm×49 mm 的方形，再压成八角形截面，最后倒棱；如果使用弧形砧，直接锻成 ϕ49 mm 圆棒。

2) 压肩。为了锻造台阶，需要对坯料进行压肩，压肩深度为 3 mm 左右，在距端面 50 mm 处压肩，由于压肩深度浅，可采用双圆棍进行。

3) 拔长、切料头。按照压肩的位置，对长为 50 mm 的坯料部分进行拔长，拔出的圆轴为 ϕ37 mm，量取轴长度为 83 mm，切去料头。

4) 压肩。将坯料掉头，量取直径为 49 mm 的坯料，长 42 mm 处压肩。

5) 拔长、切料头。按照压肩的位置，将坯料的另一端拔长，拔出的圆轴为 ϕ32 mm，量取轴总长度为 270 mm，切去料头。

6) 摔各外圆、校直。按锻件图样及技术要求，用摔子摔各段外圆，并校直轴线。

三、圈类锻件的锻件图和自由锻造工艺

1. 工作名称

法兰圈锻件的锻件图和自由锻造工艺的识读。

2. 工作任务

锻坯材质为 20 钢，锻坯质量为 593 kg，锻坯尺寸为 ϕ360 mm×747 mm；中小批量生产，锻件质量为 537 kg；锻件图见表 2—4。

3. 工作过程

(1) 识读自由锻造工艺规程

法兰圈的自由锻造工艺见表 2—4。

表 2—4　　　　　　　　法兰圈的自由锻造工艺

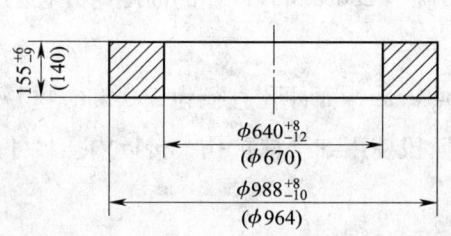

锻件名称：法兰圈
锻坯材料：20 钢
锻坯尺寸：ϕ360 mm×747 mm
锻件质量：537 kg
锻坯质量：593 kg

续表

序号	工序	简图	温度	设备	工具
1	镦粗	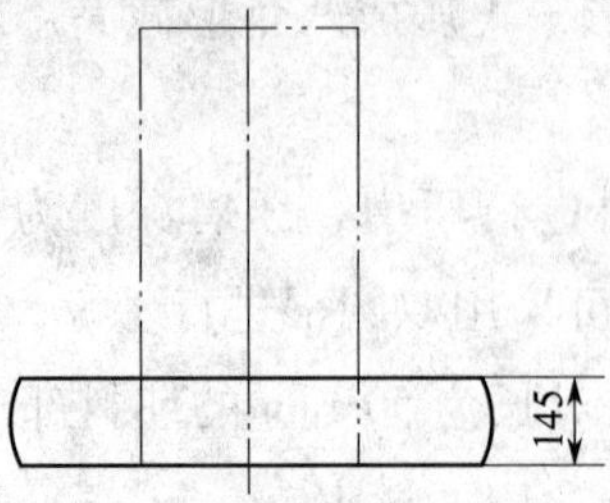 (高度145)	1 250~750℃	3 t蒸汽—空气锤	平砧
2	双面冲孔	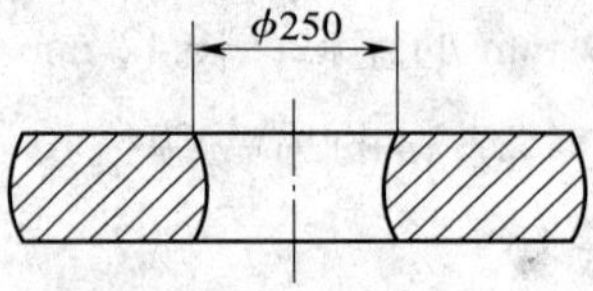 (φ250)			平砧、冲头
3	扩孔	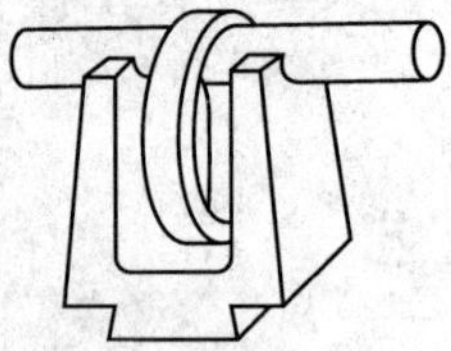			马架、细马杠、粗马杠
4	校平	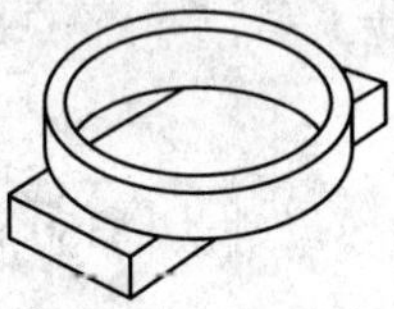			平砧

（2）工序

1）镦粗。锻坯尺寸为 φ360 mm×747 mm，高径比为 2∶1，可以镦粗，镦粗至高度为 145 mm，因为扩孔过程中，锻坯的高度会有所升高，镦粗高度低于锻件的高度。

2）冲孔。冲孔后需要扩孔，冲孔直径为 250 mm，锻坯的高度与外径的比大于 0.125，需双面冲孔。

3）扩孔。由于锻件的内孔直径为 640 mm，而冲孔直径为 250 mm，相差较大，为了得到较高的锻件质量，需要在开始阶段使用细马杠扩孔，接近内孔尺寸后采用粗马杠扩孔。

4）校平。冲孔、扩孔后的锻件在轴向方向上的不平采用平砧校正，使两端面平整，校平可在较低的温度下进行，一般应在 750℃以上。

学习单元 3 普通自由锻造设备和工具的选择

学习目标

- 了解自由锻锤及辅助设备的结构、组成和特点
- 掌握自由锻锤及辅助设备的基本操作
- 能判断普通自由锻锤及辅助设备的使用状态
- 掌握自由锻造常用工具、量具和简单胎模具的构造、使用及维护
- 能正确选择常用自由锻工具和简单胎模具

知识要求

一、自由锻锤及辅助设备的结构、使用

1. 自由锻锤类设备的锻造工艺特点

锻锤类设备是采用蒸汽—空气驱动（或液汽驱动和机械驱动）落下的锤头（滑块），利用锤头在下落过程中积蓄的能量，打击金属坯料，实现变形的设备。它的工作行程速度如图2—45 所示。

由图2—45 可见，v_{max} 是 a 点的速度，即锤头与金属坯料开始接触时的速度最大，$t_{工}$ 是锤头工作行程的时间，经过 $t_{工}$ 到达 b 点，锤头的速度急剧降为零。锻锤的最大速度 v_{max} 可达 9 m/s，而工作行程 $t_{工}$ 约为千分之几秒，可见，锻锤积蓄的能量在极短的时间内释放完毕，所以，自由锻锤类设备具有冲击成形的特征。

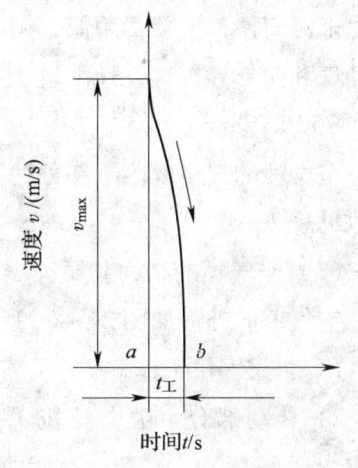

图2—45 锻锤类设备的工作行程速度

（1）自由锻锤类设备的优点

1）在高的打击速度下，锻造金属的变形热效应，可使金属坯料温度提高，增加了金属塑性，在第一次加热中可完成较多工序，不需要多次加热坯料。

2）锻锤行程次数高，生产效率高。

3）锻锤操作灵活，工艺适应性强。

4）锻锤是一种定能量的设备，其锻造能力不受设备的吨位限制，当变形很大时，可以多次锤击，使金属坯料连续变形，但锻锤的吨位应根据坯料的质量来选择，否则会降低设备的使用寿命。

5）锻锤没有下死点，不会因为偶然的过载造成设备的损坏。

6）自由锻锤类设备结构简单，制造容易，安装和维修方便，价格便宜。

（2）自由锻锤类设备的缺点

1）锻锤工作时振动大，噪声大，周围建筑受振动影响，工人劳动条件差。

2）蒸汽—空气锤还要配备蒸汽动力设备或大型空压站，投资成本和运行成本较大。

3）蒸汽—空气锤的能量有效利用率低。

2. 空气锤

空气锤是由电动机直接驱动的锻压设备，适用于中小型锻件的自由锻造和模锻造。

（1）空气锤的特点和规格

空气锤和蒸汽—空气锤相比，具有不需要装设蒸汽锅炉、空气压缩机及管道，动力来源简便，安装费用低，锤击速度快等优点，但空气锤的每一个循环都要从外界补气和向外界排气，噪声较大，空气锤的吨位一般较小，最大为 1 t，常用的多是在 750 kg 以下。

空气锤的规格以落下部分的质量来表示，各规格空气锤的主要技术规格和性能参数见表2—5。

（2）空气锤的结构和原理

空气锤的外形如图 2—46a 所示，其组成如下：

1）机架。由工作缸 7、压缩气缸 10 和锤身 12 组成。

2）传动部分。由电动机 14、减速器 13、曲柄 18、连杆 17 和压缩活塞 16 组成。

3）操纵部分。由上旋阀 9、下旋阀 8、踏杆 1 或操纵手柄组成。

4）工作部分。由落下部分（工作活塞 15、锤杆 6、上砧 5）和锤砧部分（下砧 4、砧座 2、砧垫 3）组成。

为了满足锻造的稳定，砧座的质量应不小于下落部分质量的 12 倍，砧座需安装在钢筋混凝土基础上，为了减小振动，在砧座和基础之间应有垫木。

表2—5 空气锤的主要技术参数

规格 型号	C41-40	C41-65	C41-75	C41-150	C41-200	C41-250	C41-400	C41-560	C41-750	C41-1000
落下部分质量/kg	40	65	75	150	200	250	400	560	750	1 000
锤头最大行程/mm	270	280	350	350	420	560	700	600	835	950
锤击次数/(次/min)	245	200	210	180	150	140	120	115	105	95
锤击能量/N·m	530	850	1 000	2 500	4 000	5 600	9 500	13 700	19 000	27 000
下砧面至工作缸下盖距离/mm	245	280	300	380	420	450	530	600	670	820
锤杆中心线至锤身距离/mm	235	290	280	350	395	420	520	550	750	800
砧块平面尺寸（长×宽）/(mm×mm)	120×50	140×65	145×65	200×85	210×95	220×100	250×120	300×140	330×160	365×180
可锻方钢的最大边长/mm	52	65	65	130	150	175	200	270	270	380
可锻圆钢的最大直径/mm	68	85	85	145	170	200	220	280	300	400
电动机 型号	J0-62-6	J02-52-6	J02-52-6	J02-62-2	J02-72-6	J02-71-4	J02-82-6	J82-6	J0-93-6D2	J02-92-6
电动机 功率/kW	4.5	7.5	7.5	17	22	22	40	40	55	75
外形尺寸 前后/mm	1 136	1 867	1 480	2 375	2 420	2 665	3 215	3 360	4 010	4 125
外形尺寸 左右/mm	650	1 600	1 510	1 085	955	1 155	1 364	1 425	1 290	1 500
外形尺寸 高/mm	1 430	1 784	1 890	2 150	2 300	2 540	2 750	3 082	3 175	3 405
质量 带砧座/kg	1 480	2 730	2 330	5 130	8 900	8 000	15 010	18 000	26 000	34 000
质量 不带砧座/kg	1 000	1 650	1 430	3 330	6 000	5 000	9 010	9 600	14 750	19 000

空气锤的工作原理如图2—46b所示,空气锤接通电源后,电动机14通过减速器13,带动曲柄18转动,并带动连杆17上下往复运动,相连的压缩活塞16在压缩气缸10内做上下往复运动。

当压缩活塞16在压缩气缸10内向上运动时,压缩气缸的上半部分空气被压缩,并通过上旋阀9进入工作缸7的上部,空气压力加上落下部分的自重使落下部分快速向下运动,上砧5对下砧4上的材料进行锤击。当压缩活塞16向下运动时,空气流动与上述的情况相反,使落下部分向上运动,锤头被举起,等待下一次的循环。

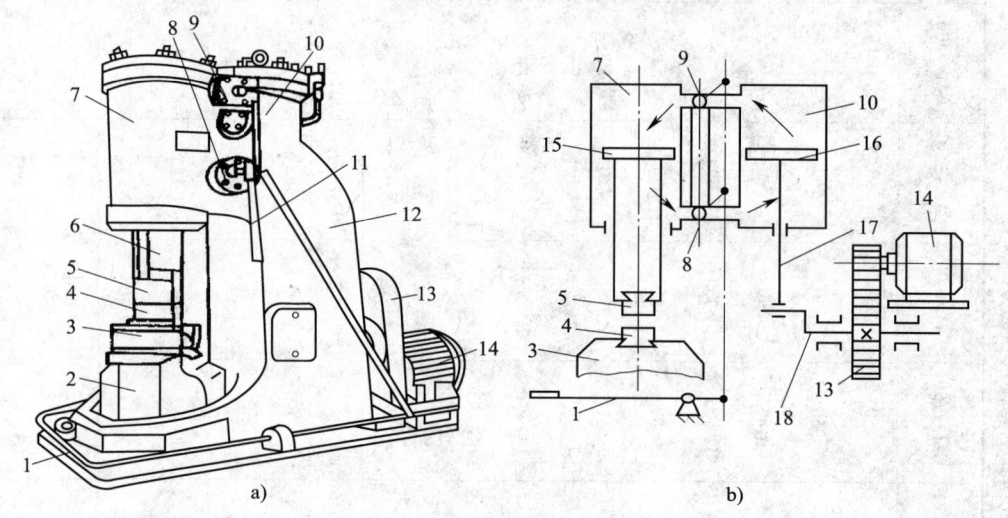

图2—46 空气锤的结构和工作原理

1—踏杆 2—砧座 3—砧垫 4—下砧 5—上砧 6—锤杆 7—工作缸 8—下旋阀 9—上旋阀
10—压缩气缸 11—手柄 12—锤身 13—减速器 14—电动机
15—工作活塞 16—压缩活塞 17—连杆 18—曲柄

(3) 空气锤的操作

空气锤的动作有空行程、悬锤、压紧、连打和单打五种,这些动作都是通过操作手柄或踏板(150 kg以下的小空气锤加设有踏板)变动上下旋阀位置,控制气体压力来实现的。进行这些操作的手柄位置如图2—47所示。

1) 空行程。将操纵手柄扳到如图2—47a所示位置,电动机和减速器空转,锻锤不工作,锤头靠自重停在下砧上,常用于电动机的启动。

2) 悬锤。将操纵手柄扳到如图2—47b所示位置,锤头上悬。该操作可用于更换砧板,放置坯料、工具,或进行调整、检查、清扫等工作。

3) 压紧。将操纵手柄扳到如图2—47c所示位置,锤头向下运动压紧坯料。在该状态下,可以对锻件进行弯曲和扭转操作。

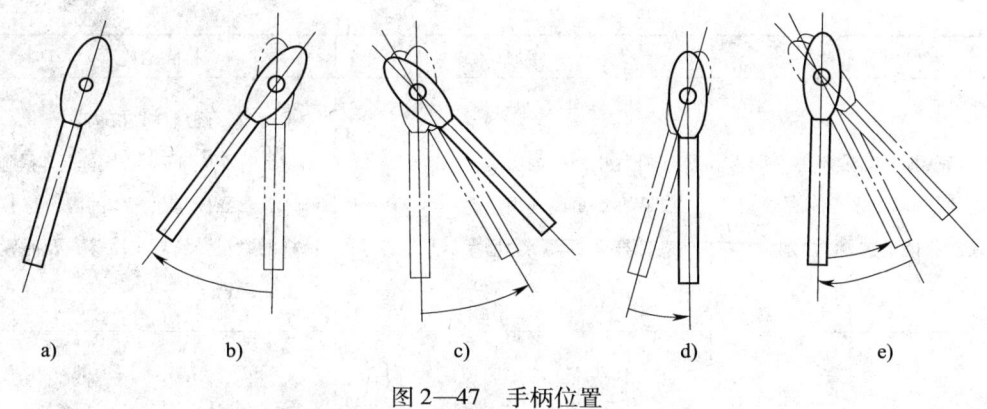

图 2—47 手柄位置

4）连打。将操纵手柄扳到如图 2—47d 所示位置，锤头上下往复运动，实现连续击打。一般的工件锻造都在连打状态下完成。

5）单打。单打由连打演变而来，如图 2—47e 所示，将操纵手柄扳到连打的位置后，立即返回悬空位置，实现一次击打后，接悬空状态。

连打和单打的轻重都可以通过扳转操纵手柄的角度来控制，扳转角度小，锤击力量小；扳转角度大，锤击力量大。

（4）空气锤的使用状态

空气锤在试车之前，要进行检查，以判断其使用状态是否正常。检查工作如下：检查各部位连接部分是否紧固可靠；检查上下砧是否对正，是否平齐；检查锤杆、砧块有无裂纹等隐患；将各润滑部分按要求润滑；检查操作系统是否轻便灵活，操纵手柄是否放在空行程位置上；扳动 V 带，使压缩活塞上下往复运动几次，并查看是否正常，然后装好带罩。

（5）空气锤的一般故障排除

空气锤的常见故障及其排除措施见表 2—6。

表 2—6　　　　　　　　空气锤的常见故障及其排除措施

常见故障	产生原因	排除措施
锤头上升时，工作活塞上升，直接碰撞气缸顶盖，发出响声，严重时会造成气缸顶盖被击碎或飞起	①钢球逆止阀中的钢球与孔座配合不严密或钢球磨损后不圆、碎裂 ②工作缸与缸盖密封垫破损漏气 ③工作活塞上顶堵盖松动或破裂 ④缓冲空腔高度不足	①修研孔座或更换钢球 ②更换密封垫 ③修配上顶堵盖 ④增加缓冲高度

续表

常见故障		产生原因	排除措施
锤头提升高度不够，即上砧块工作面低于锤头导套，使击打能量减弱		①补气机构失灵 ②存在严重漏气现象 ③锤杆上的摩擦力增大	①调整、修理补气机构 ②针对不同漏气部位实施具体措施 ③调整导板与锤杆体间隙，修整锤杆的镦粗变形与积瘤等，及时紧固上砧斜铁
锤头上升后不下降		①工作活塞上胀圈断裂后的碎片卡在工作缸内 ②上砧燕尾斜铁退出，卡在导程套中 ③锤杆下部变形	①更换胀圈 ②将锤头下落后紧固斜铁 ③研磨锤杆
气缸内有异响	工作缸	①导向板松动 ②活塞环或导套密封圈折断，或定位螺钉松动 ③工作活塞上的堵盖折断	①紧固导向板 ②更换损坏件，拧紧松动螺钉 ③重新固定堵盖
	压缩缸	①固定导套螺钉松动或折断 ②曲轴上连杆与轴承座的连接螺钉松动	①重新紧固导套 ②及时紧固连接螺钉
锤杆导程螺栓折断		螺母松动，使螺栓受力不均	随时注意拧紧螺母，及时更换螺栓
工作缸严重发热		①活塞环与气缸的间隙太小 ②气缸内润滑不良 ③锤头长时间悬空	①重新修配活塞环 ②检修润滑系统 ③锤头悬空时间不应超过 1 min

3. 自由锻锤类设备的辅助设备

（1）锻造天车

锻造天车是锻造车间必需的辅助设备之一，主要用来运送坯料和锻件、坯料的装炉和取料、配合锻造工序动作、装卸工具和模具、吊运设备等。

1）锻造天车的构造。图 2—48 为大型自由锻用天车结构。锻造天车的结构：横跨车间的横梁 1，在两个轨道上分别装有移动的锻造小车 2 和辅助小车 3。

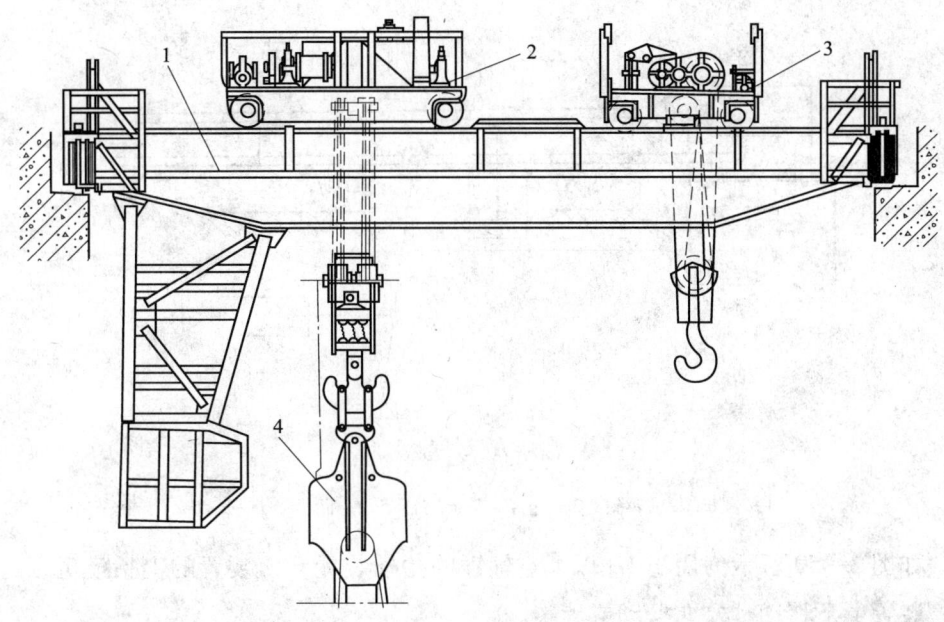

图 2—48 锻造天车
1—横梁 2—锻造小车 3—辅助小车 4—翻料机

2) 锻造天车的使用和维护。锻造天车主要与水压机配合锻造大型工件。锻造小车吊钩上悬挂翻料机 4，用以支持和翻转工件；辅助小车用来完成较小质量的起吊运输工作，如抬起和调整工件、装卸工具、坯料、套筒和心棒等，辅助小车起吊速度快。

由于锻造车间的环境较差，其保养主要是针对天车的大车横梁，并清除小车和电器的灰尘、油污，使其外观清洁，电器箱必须定期清洗。

传动机构和钢丝绳加油润滑，定期对传动机构的连接轴、轴承座、齿轮等注入润滑油。

（2）气动胎模

对于自由胎模锻造，大型胎模的进退和升降很难用人工完成，可以使用气动胎模，如图 2—49 所示就是气动胎模的一种，适用于 1 t 以下的空气锤。

上胎模 5 用销钉 4、下胎模 6 用连杆 3 与胎模装置连接。螺母 1 可以调节，用以满足更换不同厚度的上胎模的需要。连杆 3 可以使下胎模在垂直方向位置变化时，仍能够正常工作。螺钉 2 用以限制上胎模抬起的高度。

这种气动胎模装置可由一位操作工操纵三个组合阀门，控制压缩空气的进出，即可实现胎模的自动进退和升降。

（3）抬模装置

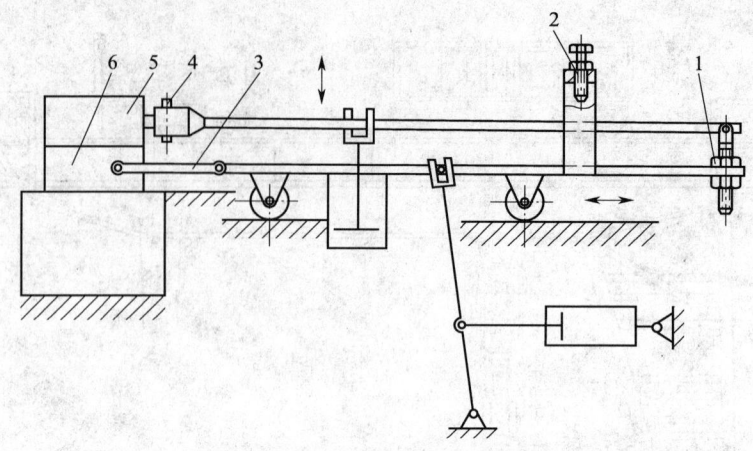

图2—49 气动胎模
1—螺母 2—螺钉 3—连杆 4—销钉 5—上胎模 6—下胎模

如图2—50所示为用于1t以下空气锤的抬模装置，该装置的上抬模可以通过抬模装置上下移动、左右摆动或旋转。

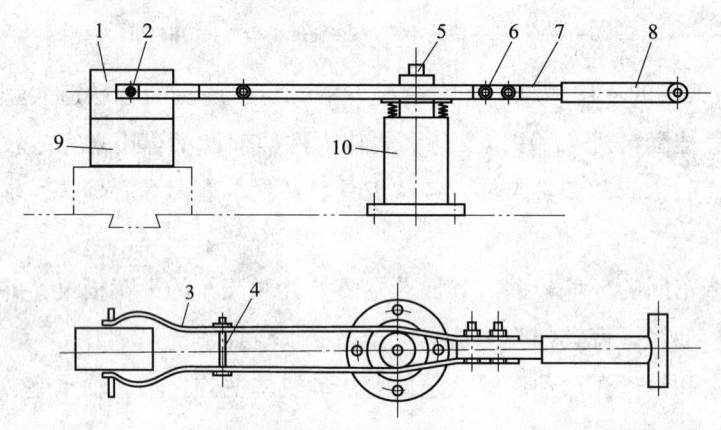

图2—50 抬模装置
1—上抬模 2—销轴 3—夹板 4、6—紧固螺钉 5—支撑轴 7—杠杆
8—套筒把手 9—下抬模 10—底座

上抬模1在两侧通过销轴2与两块夹板3连接，用紧固螺钉4和6紧固两块夹板3，而使夹板夹住上抬模。中心轴套夹在两夹板中间，并套在固定于底座10的支撑轴5上，底座紧固于工作台平板上。套筒把手8套在杠杆7上，并可调节杠杆臂的长短。下抬模9放在下砧上。调节螺钉4和6，可以更换尺寸不同的抬模。

(4) 旋转式摔子

使用旋转式摔子结构可以同时安装相同和不同的三或四副摔子，通过旋转圆盘，进行交替锻造。如图2—51所示为一种旋转式摔子的结构，它可用于1t锻锤。

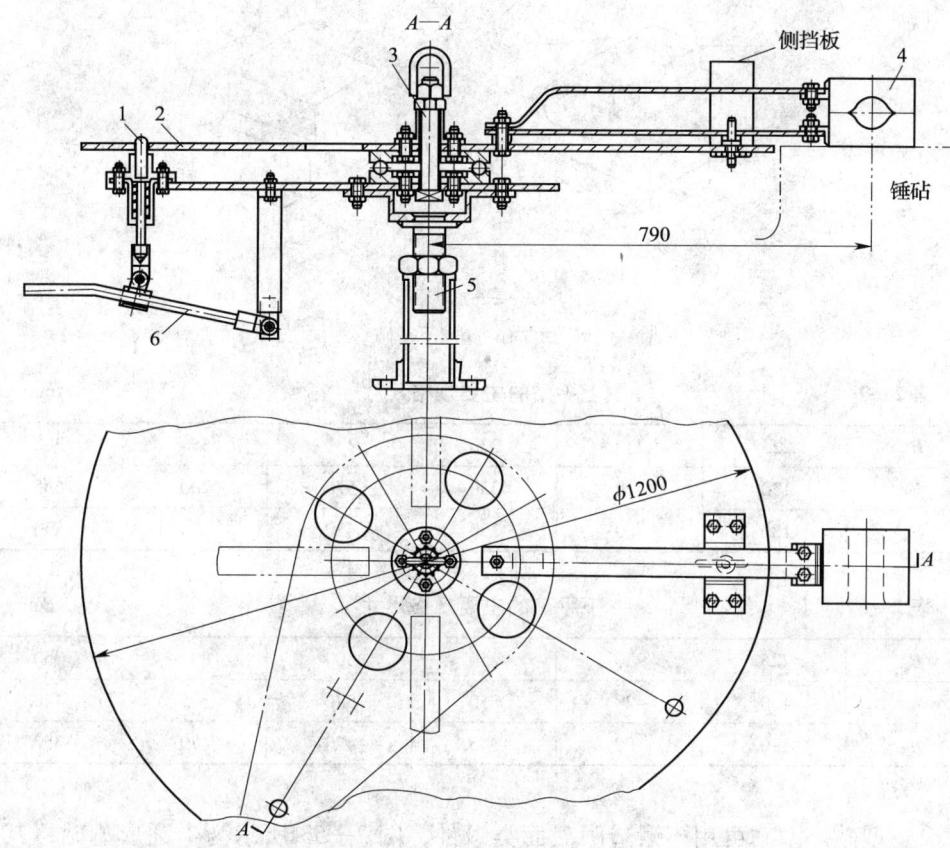

图 2—51 旋转式摔子

1—销子 2—旋转圆盘 3—支柱 4—摔子 5—调节螺栓 6—手把

在旋转圆盘 2 上用螺钉固定摔子 4（旋转圆盘上可装四副摔子），压下手把 6，销子 1 脱离旋转圆盘，此时旋转圆盘绕支柱 3 可任意转动，当转动到某一位置时，抬起手把，把销子插入相应的孔中，圆盘被固定，便可进行锻造。调节螺栓 5 用来调节旋转圆盘位置的高低，以保证摔子安稳地平放在锻锤的砧子上。

旋转式摔子操作方便，运用灵活，能减轻劳动强度，提高劳动生产率。

二、锤上自由锻造常用工具的使用及维护

1. 砧子（砧块）

锤上自由锻造常用的是平砧，还有型砧，砧子分为上砧、下砧，锻锤用砧子皆为燕尾结构形式。

（1）砧子类型

1）平砧。完成各种锻造工序都要使用平砧，图 2—52 所示为上平砧和下平砧，上平砧的尺寸见表 2—7，下平砧的尺寸见表 2—8。

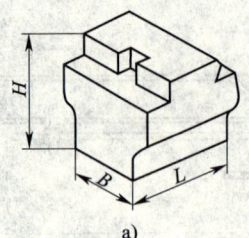 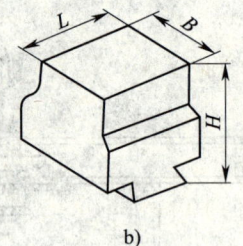

图 2—52 平砧
a) 上平砧 b) 下平砧

表 2—7　　　　　　　　　　上平砧的主要规格尺寸　　　　　　　　　　mm

B	225	230	270	330	350	380
L	130	420	350	570	200	685
H	180	300	280	420	275	330

表 2—8　　　　　　　　　　下平砧的主要规格尺寸　　　　　　　　　　mm

B	225	230	250	300	330	350
L	130	420	350	570	685	440
H	190	300	345	420	470	350

2）型砧。型砧可用于锻造圆截面类锻件，图 2—53 所示为半圆形型砧，其尺寸见表 2—9。

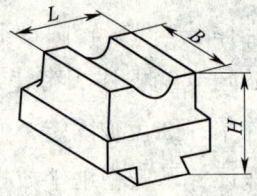

图 2—53 型砧

表 2—9　　　　　　　　　　型砧的主要规格尺寸　　　　　　　　　　mm

B	230	250	350	430
L	460	350	440	900
H	400	345	350	570

砧子的材料为 45 钢或 55 钢，需要进行调质处理，表面的硬度要求为 38~42HRC。

(2) 砧子的使用及维护保养

砧子因其工作条件差，易损坏，所以在使用时应注意对砧子进行必要的保养。

1）砧子安装要正确，紧固牢靠。
2）冬季使用前应预热。
3）砧子使用后温度过高，应适当冷却或暂缓使用。
4）保持砧面的平面度，不平的砧面应刨平。砧边的圆角应光滑，如变尖锐，应修整。
5）不允许空击砧面。
6）工作中应经常清扫砧面上的氧化皮。

2. 切断与压印工具

（1）剁刀

1）剁刀结构。剁刀结构如图2—54所示，图2—54a所示直剁刀用于切下锻件或切断坯料，图2—54b所示半圆剁刀用于剁半圆形锻件。直剁刀的主要规格尺寸见表2—10，半圆剁刀的主要规格尺寸见表2—11。

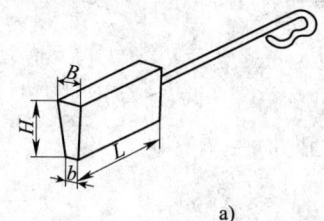

图2—54 剁刀
a）直剁刀 b）半圆剁刀

表2—10 直剁刀的主要规格尺寸 mm

B	10	15~20	25	30	30
L	80~120	150~200	200~250	300	300
H	30~60	80~100	120	150	180
b	5	8	10	15	20

表2—11 半圆剁刀的主要规格尺寸 mm

B	15	20	30	35
H	40	60	90	120
R	60	70	80	90

2）剁刀的使用和保养。剁刀使用和保养的注意事项如下：
①冬季使用前应预热。
②按被剁切截面大小选择合适的剁刀。
③使用前应对剁刀进行检查，有裂纹的不能使用。

④剁刀应摆放整齐，保证无油污。

（2）克棍

克棍与剁刀配合使用，清除剁切后的连皮和毛刺，其结构如图2—55所示。

（3）压棍与三角

压棍在锻曲轴和连杆类锻件时，在相邻部分断面相差很大的地方分离金属，压出分段标记。压棍分为圆压棍、半圆压棍和双压棍，结构如图2—56a、b、c所示，用于单面台阶高度 $H < 20$ mm时直接压痕（见图2—57），双压棍用于双面压痕。如图2—56d所示为三角，当单面台阶高度 $H > 20$ mm 时，应先用圆压棍压痕，再用三角压肩，如图2—57所示，压肩深度 B 为 $1/3H \sim 1/2H$。

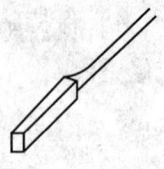

图2—55 克棍

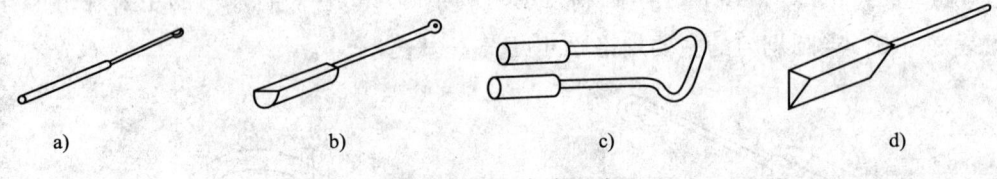

图2—56 压棍与三角

a）圆压棍 b）半圆压棍 c）双压棍 d）三角

3. 垫铁

（1）平面垫铁

平面垫铁是通用性很强的工具，是进行错移的必备工具，也可用来弯曲、校直、局部成形等。

（2）弧面垫铁

弧面垫铁用来锻弧形面，也可用来弯曲、校直、局部成形等。

（3）斜垫铁

斜垫铁用于拔梢或锻斜面，斜垫铁如图2—58所示。

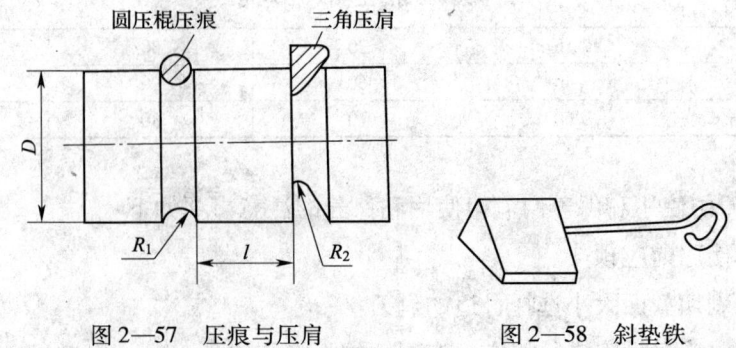

图2—57 压痕与压肩　　图2—58 斜垫铁

垫铁还有90°垫铁等角度垫铁，用于将锻件弯曲成各种角度。垫铁的使用、保养同砧子。

4．下槽

下槽用于弯曲工序，放在下平砧上，与成形垫铁配合使用，将锻件弯曲为各种角度、圆弧或锻成各种角度的多角形棒，常见的下槽有90°下槽、60°下槽、110°下槽、圆弧下槽和六方下槽等。如图2—59a 所示为110°下槽，图2—59b 所示为90°下槽，图2—59c 所示为六方下槽。

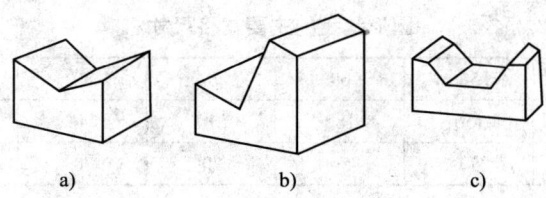

图2—59 下槽

a）110°下槽 b）90°下槽 c）六方下槽

下槽的保养同砧子。

5．冲孔工具

（1）冲头

冲头用于锻件冲孔（通孔或盲孔），是锻造空心锻件的必备工具，其结构如图2—60 所示。

（2）扩孔冲头

扩孔冲头是对已经冲孔的锻件在小范围内扩孔，其结构如图2—61 所示。

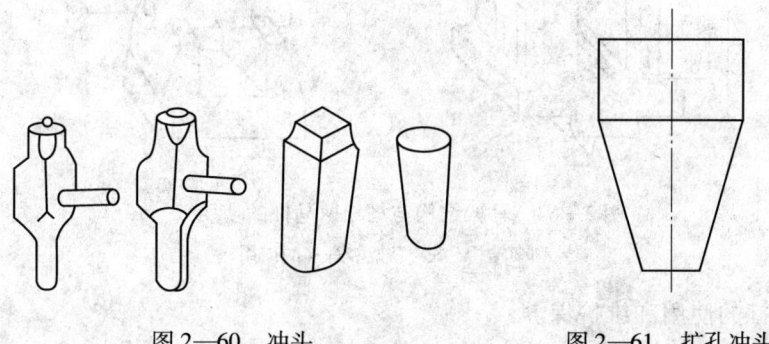

图2—60 冲头　　　　图2—61 扩孔冲头

（3）漏盘

漏盘是冲孔和用扩孔冲头进行扩孔时的垫托工具，还可在镦粗时使用，有很强的通用性，其结构如图2—62 所示，主要规格尺寸见表2—12。

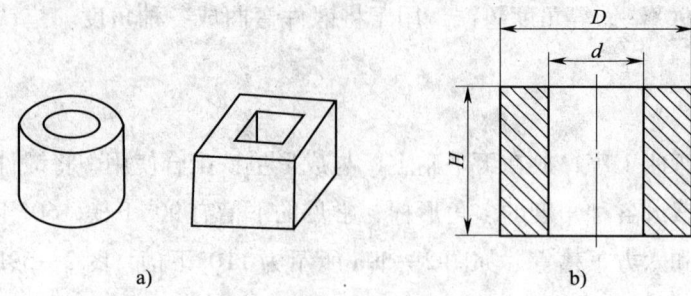

图 2—62 漏盘

表 2—12　　　　圆形漏盘的主要规格尺寸　　　　　　　　　　mm

d	40	50	60	70	80	90	105~225
D	120	150	180	210	240	270	300~600
H	50	50	50	70	70	70	90~120

冲头的保养同剁刀，漏盘的保养同砧子。

6. 马杠和马架

（1）结构

马杠是锻造大圆环锻件的扩孔工具，扩孔时支撑在马架上起着下砧的作用。

马架是支撑马杠进行扩孔的工具，马架的结构如图 2—63a 所示，马架、马杠的使用如图 2—63b 所示。

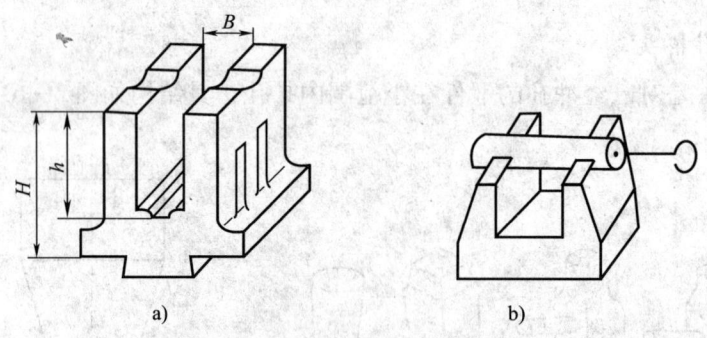

图 2—63　马架结构与马架、马杠的使用
a）马架结构　b）马架、马杠的使用

（2）马杠的使用和维护保养

1）使用前应认真检查，有裂纹的马杠不能使用。

2）使用前必须选择合适的马杠，工作中随着内孔的扩大，应随时更换直径较大的马杠。

3）冬季马杠在使用前应进行预热。

4）不用的马杠应整齐地摆放在架子上，上面禁止放重物，以免变形。

7．圆压环

圆压环在锻造单面或双面有台阶的大法兰盘时用于压痕，其结构如图2—64所示。

8．辅助工具

（1）钳子

钳子是用来夹持、翻转、运送坯料和锻件的工具，为夹持不同形状的坯料和满足不同的使用要求，其结构形式很多，如图2—65所示。其中抱钳（见图2—65i）、抬料钳（见图2—65j）和吊钳（见图2—65k）用于夹持较大的坯料，吊钳用天车吊环吊装在连接钳子两把手的链环上。

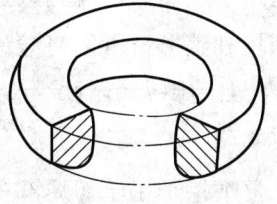

图2—64 圆压环

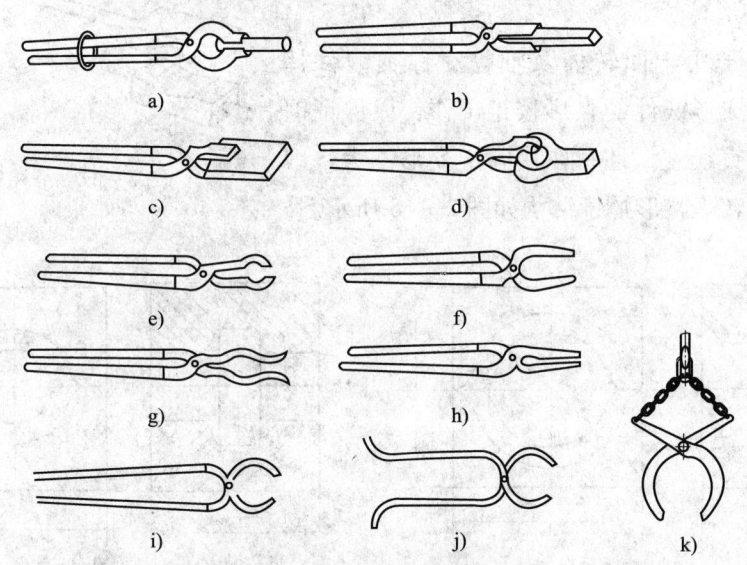

图2—65 锻造时使用的钳子

a）圆口夹钳　b）方口夹钳　c）扁口夹钳　d）方钩夹钳　e）圆钩夹钳
f）大尖口夹钳　g）小尖口夹钳　h）圆尖口夹钳　i）抱钳　j）抬料钳　k）吊钳

（2）撬杠

撬杠用于撬起锻件使锻件移动或转动，其结构如图2—66所示。

图2—66 撬杠

三、自由锻造胎模具的构造和维护

摔子是锻工常用工具之一,是一种最简单的胎模。很少见用机械加工的方法制造摔子,多数情况是锻造工自己动手用反印法制造,既方便又实用。摔子用于锻件制坯和整形,可以将锻件坯料摔成圆形、圆锥形、球形和方形。

1. 摔子的结构

(1) 窄摔子

窄摔子用于摔局部短圆轴,材料是45钢、50钢,其结构如图2—67所示,窄摔子一般并不作为胎模,而常被作为锤锻工具。

(2) 整形摔子

整形摔子用于回转体及轴等对称类锻件摔光,及对已成形锻件的整形校正工作,以保证锻件同轴度和直线度。坯料在模膛中变形不大,锻造时工件旋转。整形摔子结构如图2—68所示。

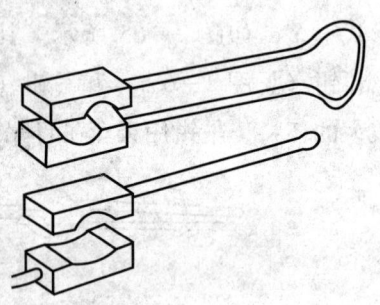

图2—67 窄摔子

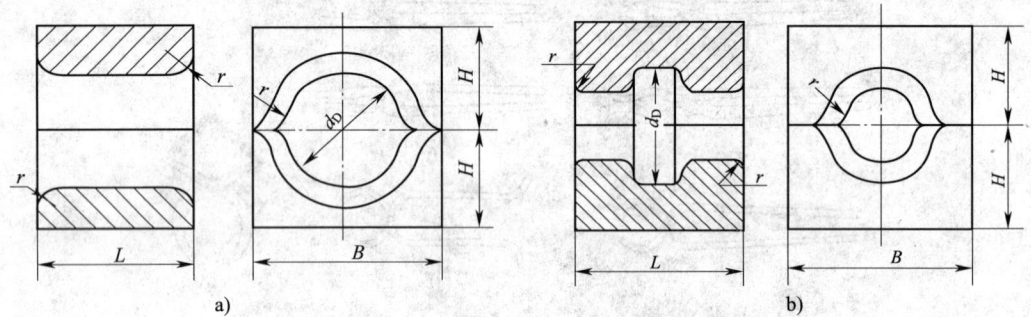

图2—68 整形摔子
a) 圆形直通式 b) 圆形阶梯式

(3) 制坯摔子

制坯摔子用于滚摔制坯工作,坯料在模膛中变形较大,其结构如图2—69所示。

整形摔子和制坯摔子的区别:由于制坯摔子比整形摔子变形量大,锻件缺陷、卡模等常在口部发生,故制坯摔子的口部过渡半径更大些;整形摔子的横断面可以是圆形的,但制坯摔子的横断面应做成椭圆形(见图2—69a)或菱形(见图2—69b)。摔子的模块尺寸见表2—13。

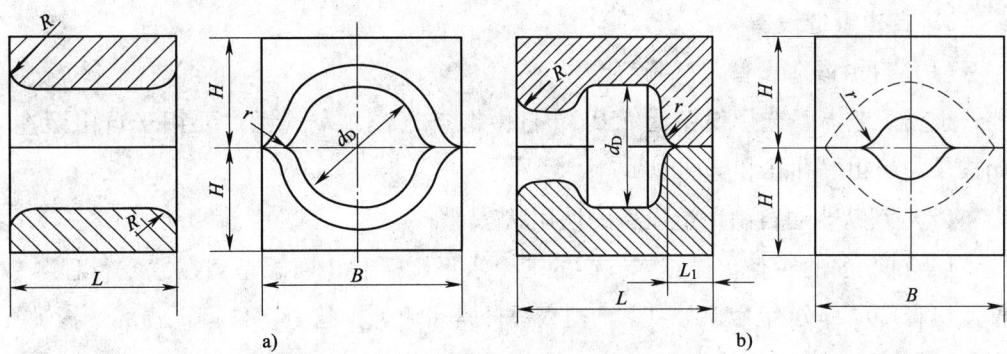

图 2—69 制坯摔子

a) 圆形直通式　b) 圆形阶梯式

表 2—13　　　　　　　　　摔子的模块尺寸　　　　　　　　　　mm

锻件量大直径 d_D	模块高 H	模块宽 B	圆角半径 r	圆角半径 R	L_1
<20	35	70	5	10	
>20~30	40	80	5	10	
>30~40	45	90	5	10	20
>40~50	50	100	6	12	25
>50~65	60	120	6	12	25
>65~80	70	140	8	15	30
>80~100	80	160	10	20	35
>100~125	95	190	10	20	40
>125~150	110	220	12	20	40

2. 摔子的使用和维护

将热坯料在摔子内反复转动，直到上下摔子打靠为止。摔子与摔子柄焊接要牢固；摔子如变形严重应予修理或报废；摔子用后应定点堆放。

 **技能要求**

下面通过工件的锻造实例，来确定锻造设备、工具和胎模具的使用情况。

一、实例一

1. 锻件简述

锻件为齿轮坯，材质为 45 钢，坯料质量为 1 684 g，锻造方法为自由锻造，锻坯尺寸为 $\phi50$ mm×110 mm，齿轮坯锻件图和锻造工艺见表 2—2。

2. 锻造工序

根据表 2—2，齿轮坯的锻造工序为：镦粗、双面冲孔、滚外圆、平整端面。

3. 自由锻造设备

（1）自由锻造设备

根据工艺卡，选择设备为 750 kg 自由锻空气锤，空气锤主要用于自由锻造，如拔长、镦粗、冲孔和弯曲。

（2）判断普通自由锻造设备的使用状态

1）试车前的检查。检查空气锤的三个水平旋塞和止回阀是否在"空行程"位置，检查传动部分有无卡死现象，检查锤杆是否干燥，检查零件有无损坏。扳动 V 带，使压缩活塞上下往复运动几次，并查看是否正常，然后装好带罩。

2）开机检查。先合刀闸，再按起动按钮，进行试车。在试车过程中检查工作机构是否平稳，冲气和排气有无异响。

（3）锻造工具和简单模具的选用与安装

1）上下平砧。由于工件在几个工序中都需要上下平砧，选择大于锻件尺寸的上下平砧。平砧的结构如图 2—52 所示，上平砧 $B \times L \times H$ 选择 350 mm × 200 mm × 275 mm，下平砧 $B \times L \times H$ 选择 250 mm × 350 mm × 345 mm。

上下平砧靠燕尾与空气锤的砧座相连，砧块一定要和锻件、坯料相配，若调换上下砧块时，应选用适当的砧块，将锤头托住，并且停止电动机；如果上下砧块未装好，不能使用；砧块出现倾斜，应修复后再使用；工作中应经常清扫砧面上的氧化皮。

2）冲头。冲头用于锻件的双面冲孔，如图 2—16b 所示，选择直径为 41 mm，高度为 80 mm 的实心冲头。使用前应对冲头进行检查，有裂纹的不能使用，冬天时需要对冲头进行预热。

冲头还在滚圆中作为心棒，方便工件的把持和圆孔尺寸的保证。

3）漏盘。漏盘用于冲孔时垫锻件，漏盘的内孔直径为 50 mm，外径为 150 mm，高度为 50 mm。漏盘放置在平砧上必须平稳，应扫净平砧上的氧化皮。

4）圆口钳。选择合适的钳口以便于夹持锻坯。注意随着镦粗的进行，更换大钳口钳子，以保证锻造安全。

4. 注意事项

（1）准备适当的垫铁，以矫正镦粗时的镦偏。

（2）备有合适的量具，在锻造操作时，随时测量锻件的尺寸。

（3）空气锤的电气部分触头使用一段时间后，因氧化损耗而接触不良，应请专职电工进行修理。

二、实例二

1. 锻件简述

锻件为齿轮轴坯，材质为 40Cr 钢，坯料质量为 2.5 kg，锻造方法为自由锻造，锻坯尺寸为 ϕ60 mm×113 mm，齿轮轴坯图和锻造工艺见表 2—3。

2. 锻造工序

根据表 2—3，齿轮轴坯的锻造工序为：拔长、压肩、拔长、切料头、掉头、压肩、拔长、切料头、摔各外圆、校直。

3. 自由锻造设备

（1）自由锻造设备

根据工艺卡，选择设备为 750 kg 自由锻空气锤。

（2）判断普通自由锻设备的使用状态

进行试车前的检查和开机检查，具体内容见实例一相应部分。

（3）锻造工具和简单模具

1）砧块。齿轮轴坯在几个工序中都需要上下平砧，选择大于锻件尺寸的上下平砧。平砧的结构见图 2—52，上下平砧 $B \times L \times H$ 选择 230 mm×420 mm×300 mm。

2）圆棍。压肩的最大单边台阶高度（H）为 8.5 mm，所以采用圆棍进行压肩，由于锻件是轴类件，可采用双圆棍上下同时压肩。

3）剁刀。由于料头的直径为 37 mm 和 32 mm，可取小号剁刀，剁刀高度为 30~60 mm，采用双面有毛刺的切割方法，毛刺留在料头端。

4）摔子。该齿轮轴坯是三段台阶轴，各段直径分别为 49 mm、32 mm 和 37 mm；使用整形摔子，直径分别为 49 mm、32 mm 和 37 mm。

4. 注意事项

（1）如果批量较大，锻件可以直接使用下 V 形砧、上平砧进行拔长。

（2）使用前应对剁刀进行检查，有裂纹的不能使用。

三、实例三

1. 锻件简述

锻件为法兰圈，材质为 20 钢，坯料质量为 593 kg，锻造方法为自由锻造，法兰圈锻件图和锻造工艺见表 2—4。

2. 锻造工序

根据表 2—4，法兰圈的锻造工序为：镦粗、双面冲孔、扩孔、校平。

3. 自由锻造设备

（1）自由锻造设备

根据工艺卡，选择设备为 3 t 蒸汽—空气锤。

（2）判断普通自由锻造设备的使用状态

判断蒸汽—空气锤的使用状态与判断空气锤的使用状态基本相同，可参见本学习单元"技能要求"部分的实例一，另外还要检查蒸汽气压是否正常。

（3）锻造工具和简单模具

1）上下平砧。法兰圈在几个工序中都需要上下平砧，选择大于锻件尺寸的上下平砧，平砧的结构如图 2—52 所示。

2）冲头。冲头用于锻件的双面冲孔，如图 2—16b 所示，选择直径为 250 mm，高度为 80 mm 的实心冲头。

3）马杠。用于扩孔的马杠需要粗细两根，细的直径取 250 mm，用于开始的扩孔，当扩孔直径到 600 mm 时，换粗马杠，粗马杠的直径为 600 mm，继续扩孔，至法兰圈的内径为 ϕ640 mm。

4）马架。马架之间的距离不能过大，取 260 mm，比该法兰圈的高度大 100 mm 左右，既适合锻造操作，又可避免锻造时产生高度歪斜。

4. 注意事项

（1）不要用一个马杠进行扩孔，第二个马杠直径不能过小。因为在扩孔尺寸增大后，马杠直径过小，而送进量过大及锤击轻重不均匀，都会造成锻件内壁凹凸不平的缺陷。

（2）使用前应认真检查，有裂纹的马杠不能使用，冬季要对马杠进行预热。

第 2 节　工　件　锻　造

学习单元 1　轴类锻件的拔长

学习目标

➤掌握拔长自由锻造的基本知识

➢ 掌握轴类拔长锻造操作的要点
➢ 掌握锻造操作中的手势信号
➢ 掌握偏心锻造、低温锻造等对设备及锻件质量的影响
➢ 能使用自由锻造工具和简单胎模具进行台阶轴类的拔长操作

 知识要求

一、拔长自由锻造的基本知识

1. 拔长的认识

拔长是使坯料横截面积减小而长度增加的锻造工序,是将坯料横放在上下砧之间,通过沿伸长方向送进坯料和反复转动,逐节锻打,实现坯料变细变长。以在平砧上将大直径坯料拔长为小直径的大型锻件为例,一般是把坯料上待拔长的部分连续压成扁截面,然后旋转90°,连续压成近似方形的截面,再旋转,压成八角形截面,最后修整成小直径圆截面,如图2—70所示。相对其他锻造工序,拔长工序耗时最多。

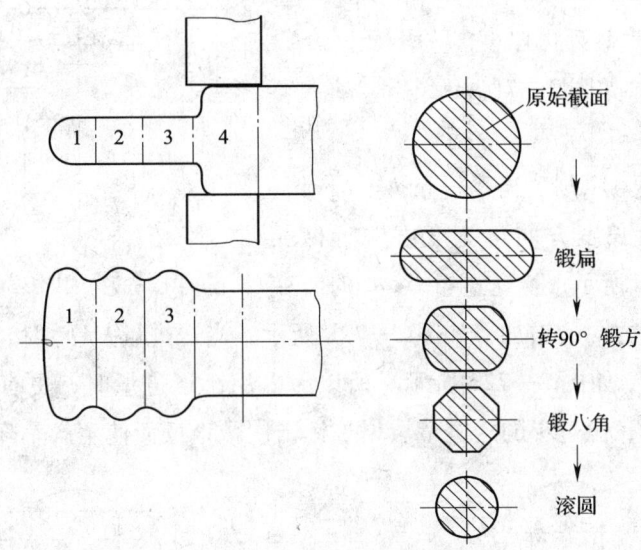

图2—70 大型锻件的拔长过程

(1) 拔长的作用

1) 拔长常用于锻造杆轴类零件,使坯料的金属纤维沿拔长方向拉长,保证了杆轴类零件的刚度和强度。

2) 拔长可提高锻件的内部质量。

（2）拔长的方法

1）按砧子来划分。按砧子划分拔长的方法有：

平砧拔长——通用性强，广泛使用。

型砧拔长——可改善受力状态，提高生产率，防止坯料中心出现裂纹，提高锻件表面质量等。可采用上平砧、下V形砧，上下皆为V形砧，上下皆为弧形砧三种方法拔长。

心棒拔长——用于带内孔的锻件拔长。

2）按坯料的形状来划分。按坯料的形状，拔长可分为圆形截面坯料的拔长和矩形截面坯料的拔长。

2. 拔长的工艺参数

拔长应保证生产率和质量。拔长的主要工艺参数压下量和送进量是影响生产率和质量的主要因素。

（1）压下量和送进量

如图2—71所示，锻造的压下量为Δh，$\dfrac{\Delta h}{2}$为单边压下量，$\Delta h = h_0 - h$，h_0表示锻前坯料的厚度，h表示锻后的厚度。

送进量为l，如图2—71所示。

（2）送进量与生产率的关系

根据最小阻力原则，当送进量$l = b_0$（料宽）时，变形后长度方向与宽度方向近似相等，如图2—72a所示；当送进量$l < b_0$时，变形更有利于长度方向的增加，如图2—72b所示；当送进量$l > b_0$时，变形更有利于宽度方向的增加，如图2—72c所示。所以，采用小送进量时，更有利于坯料的拔长，提高生产率，但过小的送进量会增加锤击次数，反而使生产率降低。

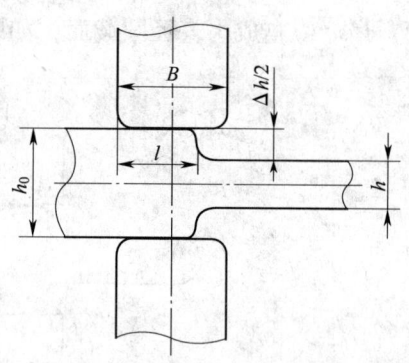

图2—71 拔长的工艺参数

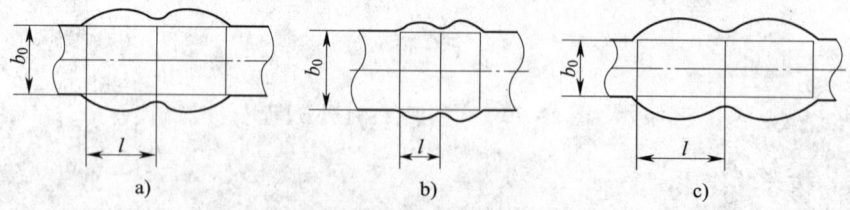

图2—72 不同送进量拔长的情况

a）$l = b_0$ b）$l < b_0$ c）$l > b_0$

(3) 压下量和送进量与锻件质量的关系

1) 锻裂。每次锤击的锻造压下量 Δh 应小于材料的塑性极限值，以免出现锻裂的情况。

2) 锻不透。为了锻透锻件的内部，送进量与坯料断面的高度之比（l/h_0）应为 0.5~0.7。

3) 折叠。每次送进量 l 与单边压下量 Δh 之比（$2l/\Delta h$）大于 1.25，如图 2—73a 所示。送进量过小容易产生折叠，如图 2—73b 所示。

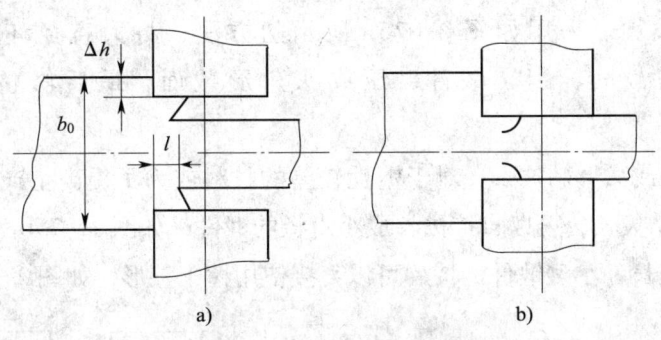

图 2—73　送进量的影响
a) 送进量参数　b) 送进量过小产生折叠

4) 降低表面粗糙度。锻锤拔长时送进量与料宽之比（l/b_0）一般应控制在 0.6~0.8。

5) 锻件内部缺陷的锻合。从锻合锻坯的孔隙缺陷来看，增大压下量是有利的。通常首次锻压采用尽量大的压下量，尽可能地锻合坯料内部缺陷，以防止再翻转 90°时，使尚未锻合的缺陷被重新拉开。钢锭经轻压倒棱后，立即在高温下采用大送进量和大压下量来拔长，以利于锻合钢锭内部的缺陷。

3. 轴类锻件拔长锻造的方法和要点

(1) 拔长锻造的操作方法

拔长锻造需要将坯料送进和翻转，方法有以下三种：

1) 左右反复翻转 90°拔长。这种方法适用于小型锻件，如图 2—74a 所示。

2) 沿螺旋线翻转 90°拔长。这种方法适用于台阶轴锻件，可以很好地防止偏心，如图 2—74b 所示。

3) 沿坯料全长拔长后，再翻转 90°后全长拔长。这种方法适用于大型锻件，因为大型锻件翻转困难，采用这种方法可以减少翻转的次数，如图 2—74c 所示。该方法易造成锻件弯曲，因此，拔长完成后，翻转 180°，校直锻件，再翻转 90°，校直另一方向。

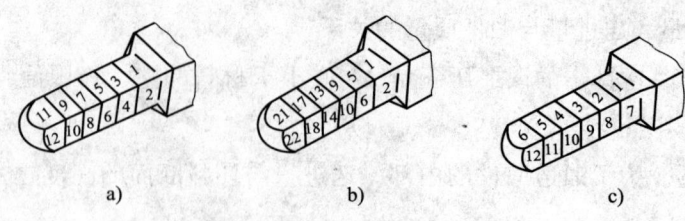

图 2—74 拔长操作的方法

a) 左右反复翻转 90° b) 沿螺旋线翻转 90° c) 沿坯料全长拔长后，再翻转 90°后全长拔长

(2) 轴类锻件拔长类型

1) 平砧拔长。采用如图 2—75a 所示的方法，将大直径坯料进行拔长，成近似方形的截面，翻转锻件，压成八角形截面，最后修整成小直径圆截面。

2) V 形砧或弧形砧拔长。对于塑性较差的材料或为了提高生产率，需要采用 V 形砧或弧形砧拔长，可以直接拔长成小直径的锻件，如图 2—75b 所示。

3) 摔子拔长。小型锻件倒棱后可以直接使用摔子整形，如图 2—75c 所示。

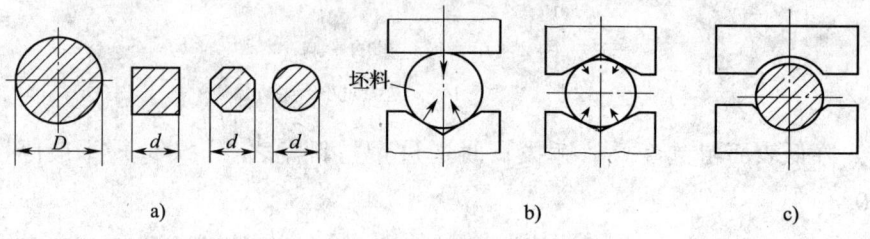

图 2—75 圆毛坯截面的拔长方法

a) 平砧拔长 b) V 形砧或弧形砧拔长 c) 摔子拔长

(3) 拔长锻造的要点

1) 严格按前面叙述，控制压下量和送进量。

2) 如图 2—76a 所示，每次锻打后金属坯料的宽度和高度之比（b/h）小于 2.5，否则在后期翻转 90°再锻打时会出现弯曲和折叠，如图 2—76b 所示。

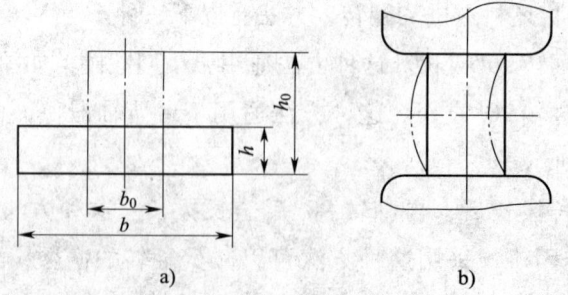

图 2—76 锻造金属坯料的宽高比过大造成的弯曲和折叠

a) 锻造前坯料和锻造后毛坯尺寸 b) 翻转 90°锻打出现的弯曲和折叠

3）沿方形毛坯的对角线锻打时，应当轻锻，以免造成中心部分的裂纹。

4）长坯料和钢锭应从中间向两端拔长，以保持平衡，将缺陷挤到两端。

二、锻锤拔长工序的操作

1. 钳子的操作

（1）锻坯的夹持

要选择适合锻坯或锻件形状和尺寸的夹钳，防止在锻造过程中坯料发生脱钳的现象，如图 2—77 所示的几种夹料情况是不允许的。

图 2—77 几种不允许的夹料情况

a) 小钳夹大料　b) 大钳夹小料　c) 扁钳夹圆料　d) 圆钳夹方料

（2）掌钳的方法

掌钳者的右手虎口张开，在距钳子支点一拳的位置处，右手大拇指握住钳子的一柄，其余四指握住另一柄，并用力握紧，左手成握拳式握住钳柄尾部并控制钳子高度。若夹持大坯料时，应在钳子尾部套上钳箍，并用左手顶住钳箍，以防钳箍滑落，如图 2—78a 所示。

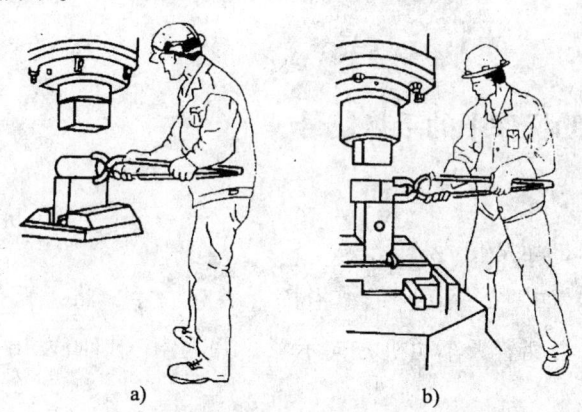

图 2—78 自由锻锤拔长的姿势

a) 拔长开始动作　b) 拔长操作

2. 正确的操作姿势

如图 2—78b 所示，掌钳者的掌钳姿势：右手在前，左手在后，握住钳柄，并与下砧面持平，将钳子置于身体的一侧。掌钳者的站立姿势：站立在锤前的正面位置，右脚在前，左脚在后，呈半步丁八字形姿势站立，身体自然挺直，眼睛注视钳口和工件，做好操钳翻动的准备。

3. 翻转坯料的操作方法

翻转动作是靠掌钳者的右手进行的，因为右手所握的位置是钳子的前端，翻转的准确度容易保证。右手翻转坯料时，手臂和手腕一起用力，同时闭气收腹，将身体的重心移到左脚，右脚跟向上提升，锤击后锤头上升的一瞬间，全身产生爆发力，迅速翻转坯料。左手在翻转坯料过程中主要起配合作用，用于控制钳子高度，保持坯料与下砧面呈水平。

4. 送料的操作方法

拔长的送进方法有退移法和推进法两种，如图 2—79 所示。退移法是往后移动坯料，掌钳者的左手微微一压，同时腰部略微弯曲，上身稍向后挺，双手同时用力往后拉一个送进量的距离。推进法是向前送料，掌钳者的左手略抬高，同时挺直身体，上身稍向前倾，双手同时用力向前推进一个送进量的距离。

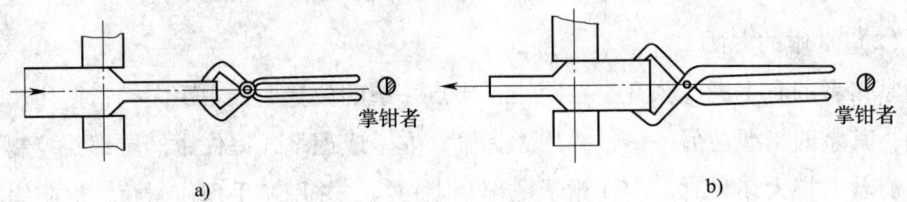

图 2—79 拔长时的送进方法
a）退移法 b）推进法

三、锻造辅助操作中的手势信号

1. 天车手势

（1）指挥天车的手势信号

1）呼唤手势。如图 2—80 所示，指挥者举起右手，将手臂伸直置于头上方，五指自然伸开，手心朝着天车司机方向示意，并鸣笛（口哨发出一次长声），这时天车进入工作状态。

2）吊运方位手势。指挥天车吊运物件运行方向的手势，如图 2—81 所示，图中右手掌代表运动方向，口哨发出一次长声。

3）吊运距离手势。指示吊运物体的远近和物体之间相隔距离的手势。

①指挥天车开往远处的手势。如图 2—82 所示，指挥者右手臂水平伸直，拇指和食指伸出，余指握拢，向所开方向伸出，同时领先前进，口哨发出一次长声。

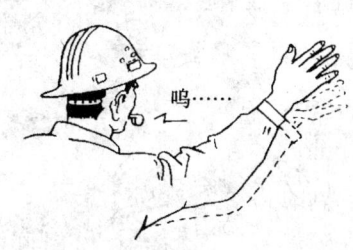

图2—80 呼唤天车的手势

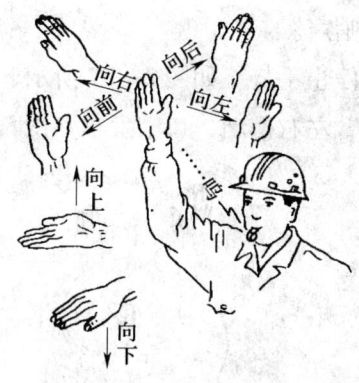

图2—81 指挥天车吊运的手势

②指挥吊运物体之间摆放距离的手势。如图2—83所示,指挥者双手自然伸开,掌心相对,示意距离,口哨发出数次短声。

图2—82 指挥天车开往远处的手势

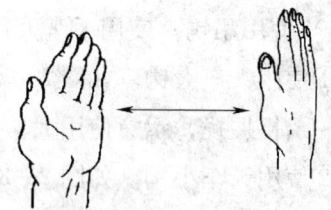

图2—83 物体摆放距离的手势

4) 吊运位置手势。如图2—84所示,指挥者右手小臂微微伸直,手腕微微向下,拇指和食指自然伸开,余指握拢,向天车明确指出待吊件或吊送件应放的位置,口哨发出间断的长声。

5) 停止手势。停止手势包括暂停手势、紧急停止手势和停止手势。

①暂停手势。如图2—85所示,指挥者右手臂水平伸直,半握拳示意暂停,口哨发出一次长声。

图2—84 吊运位置手势

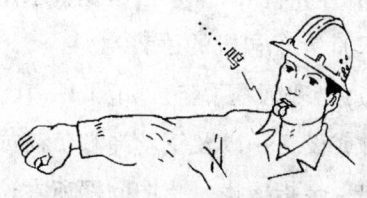

图2—85 运行中暂停的手势

②紧急停止手势。如图2—86所示,天车运行中遇障碍物或因其他原因,指挥者双手臂伸直举起,五指自然伸开,两手掌同时面向天车司机左右摆动,同时发出

短促口哨声。

③停止手势。如图2—87所示，指挥者右手小臂微曲，五指伸开，掌心向天车司机单臂左右摆动，口哨发出一次长声，示意完全停止工作。

图2—86　紧急停止的手势　　　　图2—87　停止工作的手势

6) 使用吊钩。使用天车大钩和小钩有不同的手势。

①使用天车大钩。如图2—88所示，指挥者右手臂伸直，略微向上举起，拇指伸出，余指握拢，示意使用大钩。

②使用天车小钩。如图2—89所示，指挥者右手臂伸直，略微向上举起，小指伸出，余指握拢，示意使用小钩。

图2—88　使用天车大钩的手势　　　　图2—89　使用天车小钩的手势

③使用天车大小钩。如图2—90所示，指挥者右手臂伸直，略微向上举起，拇指和小指同时伸出，余指握拢，示意使用大小钩。

(2) 天车司机的手势

1) 出现问题手势。如图2—91所示，当天车司机向指挥者提示前进中将遇某障碍物或设备，以及钢丝绳超负荷或捆绑有问题时，司机右手臂伸直，略向下，食指伸出，余指握拢，指向问题所在位置。

2) 请求重发指令手势。如图2—92所示，当指挥不明确时，天车司机右手臂伸直，略向下，五指伸开，手掌竖直，同时向左右摆动，向指挥者发出请求重发指令手势。

图2—90 使用天车大小钩的手势

图2—91 出现问题的手势

2. 锻造操作手势

锻造设备（锻锤、水压机）的司机等其他人员需听从操作者的指挥，指挥靠手势来表示。

(1) 准备手势

如图2—93所示，指挥者双手五指伸开，两小臂交叉在胸前，要求全体人员注意，各负其责，做好充分准备，即将投入生产。

图2—92 指挥不明确时司机请求重发的手势

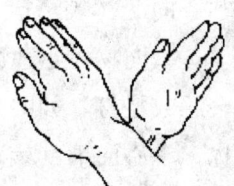
图2—93 准备手势

(2) 指挥操作手势

1) 向上运动手势。如图2—94所示，指挥者右手臂伸直，掌心向上（表示运动方向），食指伸出，余指握拢，用食指向上弹动，指挥锻造天车和操作机所夹持的物体慢慢向上运动。

如图2—95所示为向上点动的手势，指挥者右臂伸直，掌心向上（表示运动方向），小指伸出，余指握拢，用小指向上弹动，指挥锻造天车和操作机所夹持的物体慢慢向上运动。

2) 翻转手势。如图2—96所示，指挥者两手臂伸于胸前，双手自然伸开，掌心相对做半圆弧动作，要求将物体进行翻转。

图2—94　向上运动的手势　　　图2—95　向上点动的手势

①逆时针翻转。如图2—97所示，指挥者右小臂伸出，略向上举，五指自然伸开，以手腕为轴心逆时针旋转，要求将物体按逆时针方向旋转。

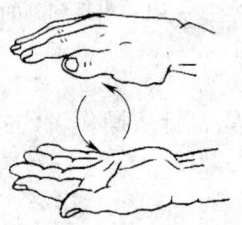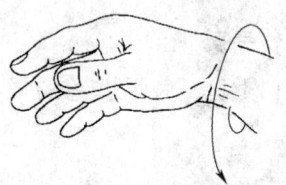

图2—96　翻转的手势　　　图2—97　逆时针旋转的手势

②顺时针翻转。如图2—98所示，指挥者右小臂伸出，略向上举，五指自然伸开，以手腕为轴心顺时针旋转，要求将物体按顺时针方向旋转。

3）指挥水压机、锻锤司机。指挥水压机、锻锤司机的手势如下：

①施压或连打。如图2—99a所示，指挥者左手臂向一侧水平伸直，五指自然伸开，掌心向下（表示运动方向），同时手臂向下移动，示意水压机（或锻锤）司机操作设备，向物体迅速施压（或连打）。

②轻压或轻打。如图2—99b所示，指挥者左手臂向一侧水平伸直，小指伸出，余指握拢，掌心向下（表示运动方向），用小指向下弹动，示意水压机（或锻锤）司机操作设备向物体轻压（或轻打），使设备缓慢下降。

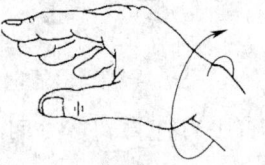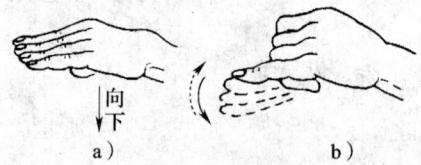

图2—98　顺时针旋转的手势　　　图2—99　施压或打击的手势
　　　　　　　　　　　　　　a）施压或连打的手势　b）轻压或轻打的手势

③迅速提升。如图2—100a所示，指挥者左手臂向一侧水平伸直，五指自然伸开，掌心向上（表示运动方向），同时手臂向上移动，示意水压机（或锻锤）司机操作设备，将活动横梁（或锤头）迅速提升。

④微微提升。如图2—100b所示，指挥者左手臂向一侧水平伸直，小指伸出，余指握拢，掌心向上（表示运动方向），用小指向上弹动，示意水压机（或锻锤）

司机操作设备,将活动横梁(或锤头)微微提升。

⑤向左移动。如图2—101a所示,指挥者左手臂向胸前水平伸直,五指自然伸开,掌心向左(表示运动方向),同时手臂向左移动,示意水压机活动横梁工作台向左移动。

⑥向右移动。如图2—101b所示,指挥者左手臂向胸前水平伸直,五指自然伸开,掌心向右(表示运动方向),同时手臂向右移动,示意水压机活动横梁工作台向右移动。

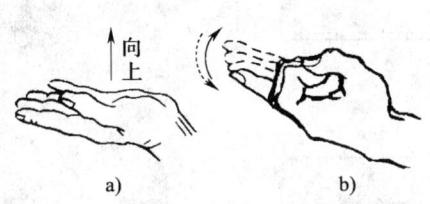 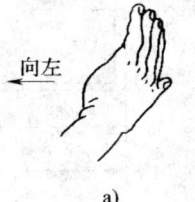 

图2—100 提升的手势　　　　　　　图2—101 移动的手势
a) 迅速提升的手势　b) 微微提升的手势　　a) 向左移动的手势　b) 向右移动的手势

四、误操作对设备及锻件质量的影响

1. 偏心锻造对设备及锻件质量的影响

锻件的偏心锻造原因是锻件并未放置在设备的中心,造成偏载。偏心锻造对于锻件质量的影响有锻造力不足、锻造效率降低或火次需要增加。

偏心锻造对设备的影响极大,尤其是大型水压机,会严重地影响设备的稳定性和加快设备导向机构、主柱塞的磨损,严重时还会造成主柱塞法兰断裂。

2. 低温锻造对设备及锻件质量的影响

金属低温锻造会使金属的塑性变差、变形抗力加大、冷作硬化严重,并使得锻造型腔填充不满、锻件出现裂纹和折叠、锻件的硬度超标,在切边时还会造成撕裂等缺陷。

低温锻造对设备的影响主要是设备处于超载工作状态时,设备零件的磨损和突然断裂的可能性会加大。

 技能要求

一、实例一

1. 工作名称

小轴的拔长锻造。

2. 工作过程

（1）锻件工艺条件

锻坯材质为45钢，锻件等级为Ⅳ，锻件质量为2.3 kg；坯料规格为 $\phi 65$ mm × 90 mm，下料质量为2.34 kg，火次为1次，锻造温度为1 200～800℃，锻后冷却为空冷，锻后热处理为调质，锻件图如图2—102所示。

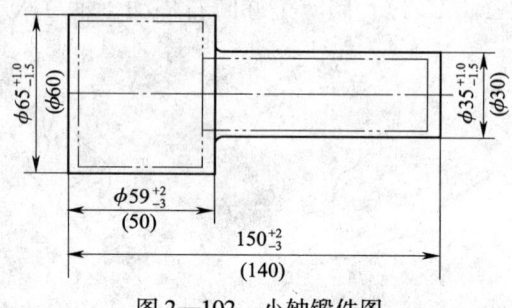

图2—102　小轴锻件图

（2）锻造准备

1）识读锻件图和工艺。

2）选择并检查设备、工具和胎模具。小轴所用的设备、工具、胎模具为250 kg空气锤、上下平砧、圆口夹钳、双压棍、摔子，并准备同锻件长度和直径尺寸相当的检测量具。

3）小轴锻件拔长操作步骤。

①将加热到所需温度的坯料用圆口夹钳夹住，并立于空气锤的下平砧上。

②先轻锻，使氧化皮剥离，如图2—103a所示。

③再将坯料放平，用量具量59 mm处，用双压棍压印，压出分段标记，如图2—103b所示。

④保留59 mm的一端，拔长另一端为方形，如图2—103c所示。

⑤倒棱，滚圆 $\phi 35$ mm的圆柱，如图2—103d所示。

⑥测量各部分尺寸，再立起锻件轻锻端面，如图2—103e所示。

⑦放平修整，最后用摔子修整外圆，并检查各部分尺寸，如图2—103f所示。

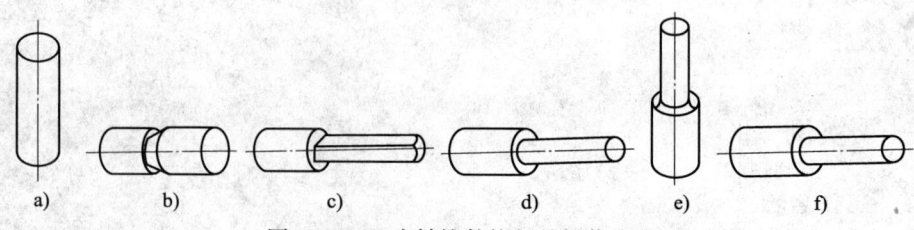

图2—103　小轴锻件拔长的操作步骤

二、实例二

1. 工作名称

方棒的锻造。

2. 工作过程

方棒的锻造操作见表2—14。

表2—14　　　　　　　　　　方棒的锻造操作

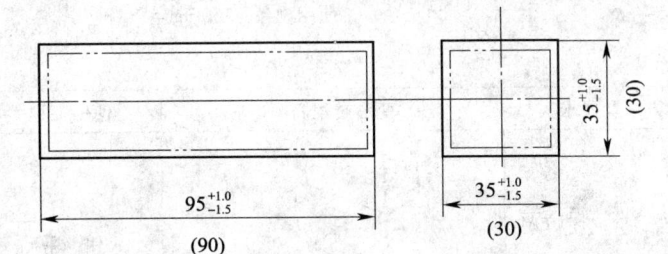

锻件名称：方棒

锻件质量：0.91 kg

材质：35钢

坯料规格：ϕ50 mm×65 mm

使用设备：150 kg 空气锤

火次	温度	操作方法及要求	变形过程简图	使用工具
1	1 220 ~ 700℃	下料，加热		夹钳
		拔长一端，成方形截面，四周有棱角		夹钳、平砧
		继续拔长至35 mm的方截面		夹钳、平砧、量具
		掉头拔长另一端成方截面		夹钳、平砧
		拔长至35 mm的方截面		夹钳、平砧、量具
		切头	按零件图的长度两边切头	夹钳、平砧、剁刀、克棍
		修整，校直	按零件图	夹钳、平砧

三、实例三

1. 工作名称

六角棒的锻造。

2. 工作过程

六角棒的锻造操作见表2—15。

表2—15　　　　　　　　六角棒的锻造操作

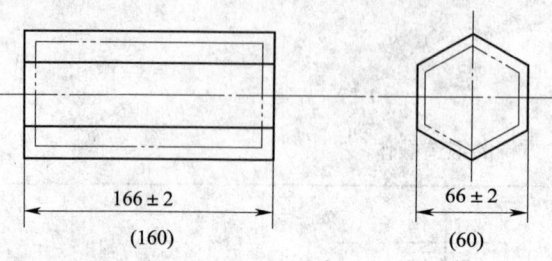

锻件名称：六角棒
锻件质量：4.5 kg
材质：20钢
坯料规格：$\phi 100$ mm × 75 mm
使用设备：250 kg 空气锤

火次	温度	操作方法及要求	变形过程简图	使用工具
1	1 220～700℃	先拔长一端，保持两边距离为66 mm		夹钳、平砧
		掉头，拔长另一端，保持两边距离为66 mm		夹钳、平砧
		用六方槽校正六角棒，使六角棒角度规范		夹钳、六方槽
		立正锻件，轻击端面，校正端面 横放锻件，轻击端部，校正端部六方形		夹钳、平砧
		校直锻件	按锻件图和技术要求	平砧

四、实例四

1. 工作名称

台阶轴的拔长锻造。

2. 工作过程

台阶轴的拔长锻造操作见表2—16。

表 2—16　　　　　　　　　　　台阶轴的拔长锻造操作

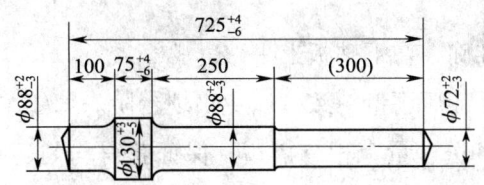

锻件名称：台阶轴

锻件质量：40 kg

材质：45 钢

坯料规格：$\phi 140 \text{ mm} \times 375 \text{ mm}$

使用设备：750 kg 空气锤

火次	温度	操作方法及要求	变形过程简图	使用工具
1	1 200～800℃	在 62 mm 处用压棍压印，并使用三角切槽		夹钳、平砧、压棍、三角
		拔长短端，拔长直径为 88 mm，用量具量出 100 mm 处，用剁刀切去料头		夹钳、平砧、剁刀
		掉头，拔长，沿螺旋线翻转 90°拔长，再倒棱，滚圆，锻造直径为 130 mm		夹钳、下 V 形砧
		量台肩 75 mm 长度，用压棍压印，并使用三角切槽		夹钳、平砧、压棍、三角
		用上下 V 形槽拔长，滚圆，锻造直径为 88 mm		夹钳、上 V 形砧、下 V 形砧
		量取 250 mm，用三角切槽，并使用上下 V 形槽拔长，直径为 72 mm，切去料头		夹钳、三角、上 V 形砧、下 V 形砧、剁刀
		用摔子摔圆各外圆，校直	按锻件图和技术要求	摔子、平砧

五、注意事项

1. 自由锻造工的送料应快速、准确，在下砧板上平移。
2. 拔长时锤击的力量一致，以保证压下量一致，以免出现台阶。
3. 拔长送进量尺寸均匀一致，各送进量互相有搭边，保证获得均匀、平整的加工面。
4. 拔长多是使用连续击打，送料要配合好，不能空打。

 学习单元2　盘类锻件的镦粗和冲孔

 学习目标

➢掌握镦粗和冲孔自由锻造的基本知识
➢掌握盘类锻件镦粗和冲孔锻造操作的要点
➢能使用自由锻工具和简单胎模具进行法兰盘类锻件的镦粗操作
➢能使用自由锻工具和简单胎模具进行法兰盘类锻件的冲孔操作

 知识要求

一、镦粗自由锻造的基本知识

1. 镦粗

使坯料的高度减小而截面积增大的锻造工序称为镦粗。

（1）镦粗的作用

1）制造饼、块、凸台等高径比小的锻件。由于下料的效率很低，像饼、块、凸台等高径比小的工件坯料，最高效率的制备方法就是镦粗锻造，即采用高径比大的坯料下料，镦粗得到高径比小的锻件。

2）满足冲孔、挤压等工艺要求。冲孔和挤压等工序，需要坯料端面平整，如果是剪裁下料，断口是斜的，一定要进行镦粗，还可按需要增大横截面。

3）为拔长锻件提高锻造比。一般情况下，拔长锻件的锻造比不够，使得锻件无法锻合坯料的内部缺陷,在拔长之前,采用镦粗工艺,就会提高拔长锻件的锻造比,减少锻件的内部缺陷。

4) 提高锻件的力学性能指标。镦粗可提高材料的横向力学性能和减小材料的各向异性。

(2) 镦粗的方法

根据锻件的要求,镦粗可分为完全镦粗和局部镦粗。

1) 完全镦粗。坯料的全长都产生变形,如图2—104所示。图2—104a为平砧上的锻锤镦粗;图2—104b至图2—104e为水压机镦粗。图2—104a、b用于锻造饼、块类锻件;图2—104c的上球面镦粗板可使锻件冲孔后端面平整;图2—104d、e是对带有钳口的锻件的镦粗,图2—104d用于锻宽板或矩形截面锻前锭料镦粗,图2—104e用于钢锭拔长前的镦粗。

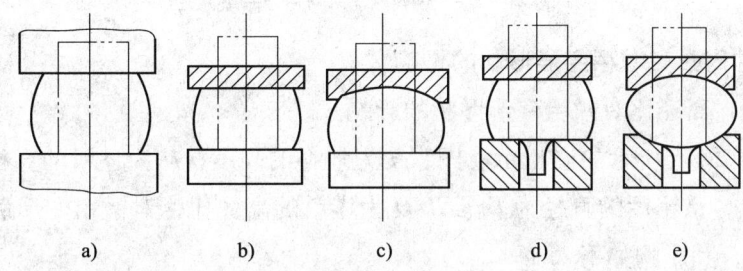

图2—104 完全镦粗

a) 平砧镦粗 b) 平板镦粗 c) 上球面镦粗板和下平板间镦粗
d) 带钳口平板镦粗 e) 带钳口球面板镦粗

2) 局部镦粗。坯料只在局部长度(端部或中间)处进行镦粗,称为局部镦粗。

①端部镦粗。将坯料的一端(变形端)或全部进行加热,并将另一端(不变形端)插入漏盘或胎模中限制变形,上砧锤打后发生镦粗变形,称为端部镦粗,如图2—105所示。

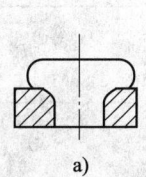 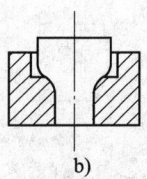

图2—105 端部镦粗

②中间镦粗。中间镦粗的坯料可以是下料后的等截面坯料,也可以是先拔长出凸台的坯料。将坯料加热,放在上下漏盘之间,使坯料中间镦粗变形,称为中间镦粗,如图2—106a所示;拔出凸台后在漏盘镦粗,如图2—106b所示。

图2—106 中间镦粗

a) 两个漏盘直接镦粗 b) 拔出凸台后在漏盘镦粗

1—坯料 2—上漏盘 3—锻件 4—下漏盘

2. 各种因素对镦粗变形形状的影响

(1) 坯料高径比对镦粗变形形状的影响

如图2—107a所示的镦粗示意图,H为坯料的高度,D为坯料的直径,镦粗后的高度为H_0,镦粗后的直径为D_0。H/D为坯料的高径比,对镦粗变形后的形状有极大的影响,其影响如下:

1) 当坯料高径比$H/D = 0.8 \sim 2$时,镦粗后呈鼓形,即两端直径小,中间直径大,如图2—107a所示。

2) 当坯料高径比大,如$H/D > 2$时,镦粗后呈双鼓形,如图2—107b所示。如果坯料高径比更大,如$H/D > 3$时,镦粗时容易失稳,而产生弯曲或折叠。

3) 当坯料高径比小,如$H/D \leq 0.5$时,镦粗的不均匀有所改善,鼓形程度较小,如图2—107c所示。

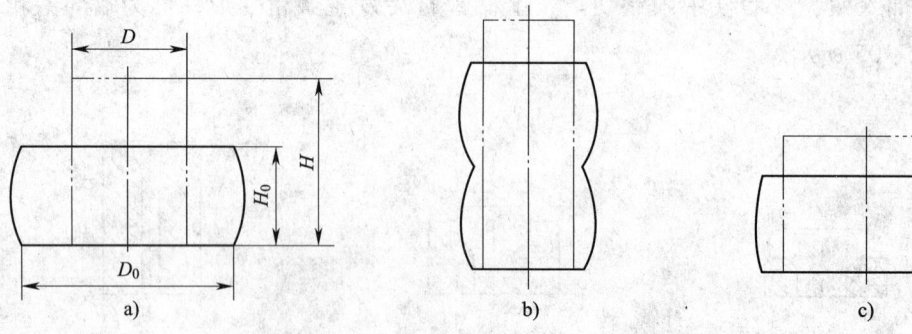

图2—107 坯料高径比对镦粗变形形状的影响

a) $H/D = 0.8 \sim 2$ b) $H/D > 2$ c) $H/D \leq 0.5$

（2）锻造设备对镦粗变形形状的影响

自由锻造设备有锤类设备和水压机，锤类设备与水压机最大的不同之处在于锤类设备是以一定速度的击打进行锻造，而水压机是以施加工作压力进行锻造；锤类设备提供的变形速度高，而水压机提供的变形速度低。锻锤常以小能量多次击打进行锻造成形，如图2—108所示是在不同设备上将同一毛坯镦粗成同一高度后的镦粗变形情况。

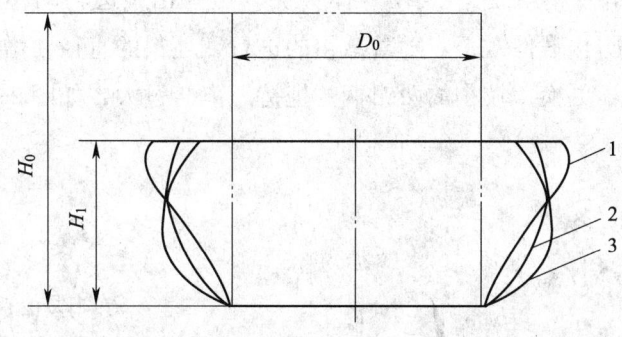

图2—108　不同设备的自由镦粗

1—小锻锤的多次击打　2—大锻锤的2~3次击打　3—水压机的一次挤压

3. 镦粗操作前的准备工作

（1）坯料高度与锻锤的关系

锤上镦粗时，为了充分发挥锻锤的能量，坯料的高度一定要小于锻锤最大行程的75%；而水压机上镦粗，对坯料的高度没有限制，只要坯料能方便放入水压机的工作空间即可。

（2）镦粗前坯料和工具的检查

镦粗所用的钢锭若有皮下缺陷时，镦粗前应进行倒棱制坯，其目的是焊合皮下缺陷，使镦粗时侧表面不产生裂纹，同时也去掉了钢锭的棱边和锥度。

对镦粗工具进行检查，确保工具无裂纹、无伤痕。

（3）坯料加热

镦粗可以锻合锻件内部的缺陷，所以一般需要比较大的变形，为了减小变形抗力和增加塑性，按材料和变形程度来选定坯料的加热温度，并且保证足够的保温时间，使得坯料热透，并且坯料温度均匀。

4. 镦粗操作

（1）坯料的放置

镦粗时坯料需立料放置，在锻锤上坯料的放置方法和立料要求如下：

1）锻锤上坯料的放置。应根据坯料的尺寸挑选合适的抱钳，由掌钳者持抱钳夹住坯料立放在下砧板或下平板上，坯料中心应与锤击中心对准。

2）立料时的要求。坯料必须竖直放置，若端面不平，立不直，可用上砧压住坯料，调整后使坯料竖直；若中间镦粗，则坯料中心应与上下漏盘的中心对准，上漏盘应放平稳，轻击无误后再重击。

（2）锻锤镦粗操作

掌钳者用抱钳夹住工件，放在身体一侧，边锤击，边转动，如图 2—109a 所示，转动是为了防止锻件镦歪。随着镦粗的进行，坯料的直径在增大，应注意更换较大的抱钳；若不更换，较小的两钳柄的把持距离会过大，如图 2—109b 所示，易发生操作危险。

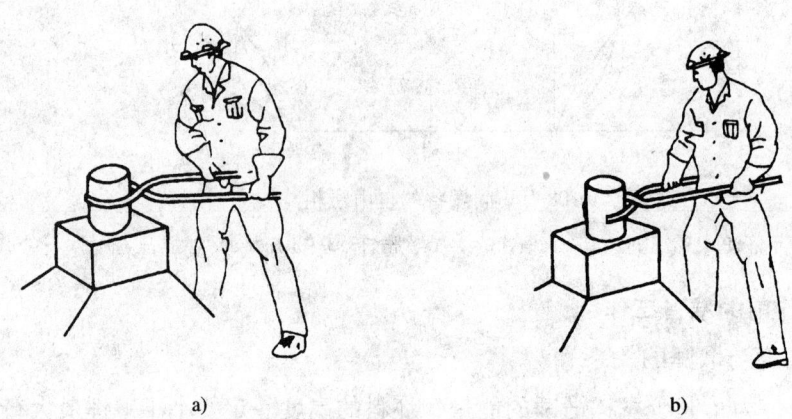

a) b)

图 2—109　锻锤镦粗时使用夹钳操作

a）合适的夹钳　b）夹钳过小

（3）后续需要拔长工序的镦粗操作要点

镦粗高度不能太短，要考虑到后续拔长的方便。

5．镦粗的缺陷及矫正

（1）镦裂

1）镦粗高塑性材料时，坯料容易因鼓形变形严重而胀裂，如图 2—110a 所示。防止措施：减小坯料的高径比，减小镦粗的鼓形倾向，镦粗前撵细坯料的腰部，镦粗过程中增加滚圆工序或将两块坯料叠在一起，采用如图 2—110b 所示的"叠镦"（用于薄饼形锻件）。

2）镦粗低塑性材料时，坯料易产生45°方向的裂纹，如图 2—111 所示。防止措施：提高锻造温度，减小锤击力量；对于锻造薄饼形锻件，也可采用"叠镦"。

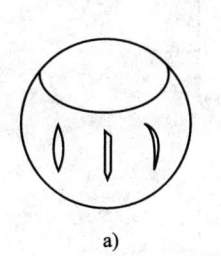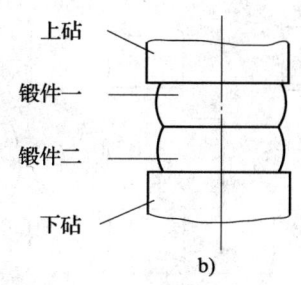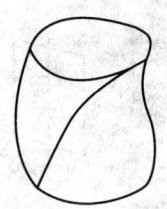

图2—110 高塑性材料的镦裂　　　　图2—111 低塑性材料的镦裂
a) 镦裂　b) 叠镦

（2）锻件弯曲或镦歪

高径比过大（$H/D > 2.5$）（见图2—112a）、坯料本身弯曲（见图2—112b）、端面不平整（见图2—112c）、端面不垂直于轴线、砧板不平整、加热温度不均匀或镦粗操作不当等原因都会使锻件弯曲或镦歪，其矫正方法如下：

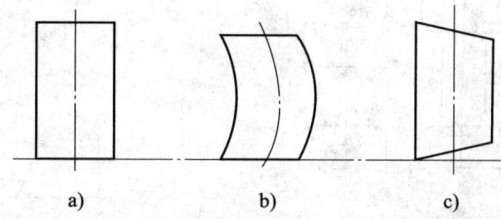

图2—112 镦粗时易产生弯曲的坯料情况

1）镦粗过程中坯料发生弯曲的矫正。将已发生弯曲的坯料，放倒校直，校直后坯料的两端会出现不平行，应将坯料立正、镦平，对于再次出现的较小弯曲（见图2—113a），用砧边轻击矫正（见图2—113b），最后把坯料放在砧板中央，镦粗成形（见图2—113c）。

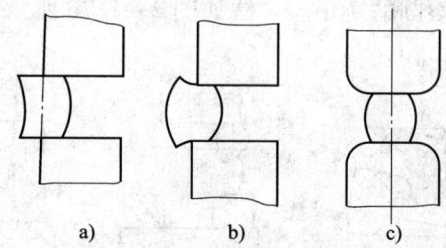

图2—113 已发生弯曲的坯料的矫正步骤

2）端面不平整或镦歪的短坯料的矫正。将坯料（见图2—114a）的一边放在砧板的边缘（见图2—114b），轻击后，翻转180°，再轻镦另一角（见图2—114c），然后把坯料放在砧板中央进行镦粗（见图2—114d）。

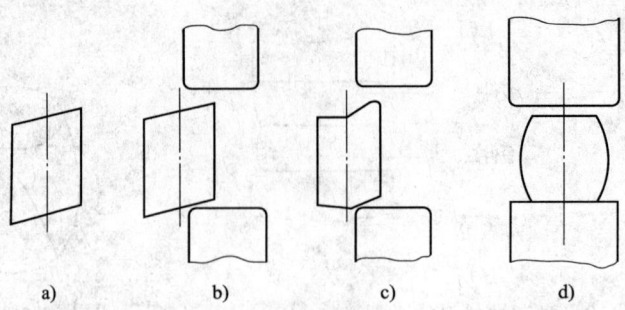

图 2—114 端面不平整或镦歪的短坯料的矫正步骤

3）端面不平整或镦歪的较长坯料的矫正。先对坯料（见图2—115a）的长对角线轻击（见图2—115b），再把坯料竖直放在砧板中央进行镦粗（见图2—115c、d）。

4）较严重弯曲的坯料的矫正。需要将锻坯放平、校直、滚圆，并重新加热后再镦粗，如图2—116所示。

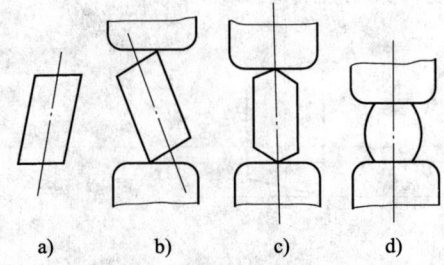

图 2—115 较长坯料镦歪的矫正步骤

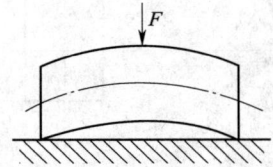

图 2—116 较严重弯曲的坯料的矫正

5）坯料在漏盘上镦歪的矫正。

①斜垫铁矫正。如图2—117a所示，在漏盘下加斜垫铁矫正，操作时防止斜垫铁飞出伤人，坯料加热到900℃以上，减小变形抗力。

②平面垫铁矫正。如图2—117b所示，用平面垫铁进行局部赶压矫正。

③局部冷却并重新滚圆的矫正。方法如图2—117c所示。

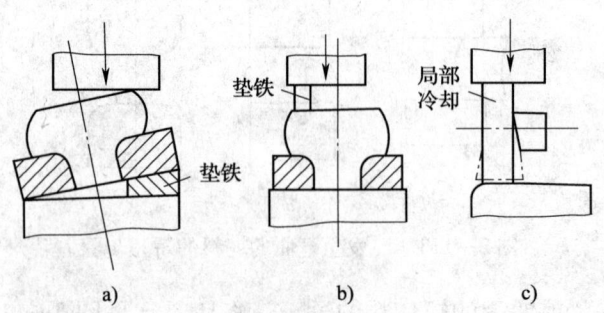

图 2—117 坯料在漏盘上镦歪的矫正
a）斜垫铁矫正　b）平面垫铁矫正　c）局部冷却并重新滚圆的矫正

二、冲孔自由锻造的基本知识

1. 冲孔

（1）冲孔的定义

在坯料上锻造出通孔或不通孔的工序称为冲孔。

（2）冲孔的类型

按冲头的形式，冲孔可分为实心冲头冲孔和空心冲头冲孔；按冲孔的方法，冲孔可分为单面冲孔和双面冲孔。

（3）工艺参数对冲孔变形的影响

冲孔的尺寸、坯料的尺寸和第一次冲孔的深度均对冲孔的锻件形状有影响，出现严重的变形时会影响锻件的力学性能。

1）冲头直径 d 与坯料直径 D 之比。

当 d/D 较大时，坯料上表面的金属被牵扯，坯料发生形状畸变。具体表现为上端内凹、冲孔后的坯料高度小于原毛坯的高度、坯料的外径上小下大，如图2—118a所示。

当 $d/D = 0.2 \sim 0.35$ 时，坯料的形状畸变现象变小，如图2—118b所示。

当 d/D 更小时，坯料外形很难被牵扯，外径尺寸基本不变，冲孔的多余金属被挤到端面上，如图2—118c所示。

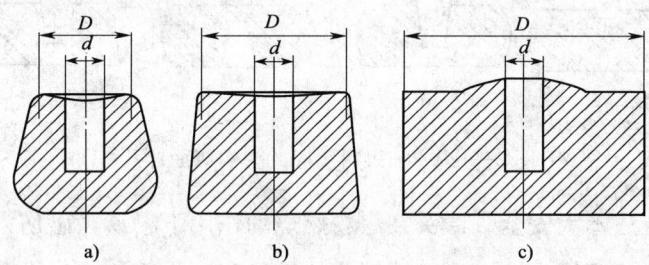

图2—118　d/D 与冲孔变形的关系

2）第一次冲孔的深度。对于厚坯料应采用双面冲孔，第一次冲孔深的优点是芯料损失少，连皮冲断容易；缺点是底部翘曲严重，变形抗力增加，冲头容易损坏。一般第一次冲孔的深度为毛坯高度的 0.7~0.8 倍。

2. 冲孔的操作方法

（1）实心冲头冲孔的方法

实心冲头呈圆锥形，锻锤上单面冲孔，实心冲头应大头朝下，如图2—119a所示；锻锤上的双面冲孔，实心冲头应小头朝下，如图2—119b所示；水压机上的双面冲孔，实心冲头应大头朝下，如图2—119c所示。

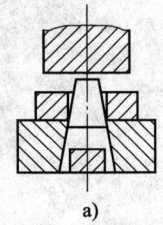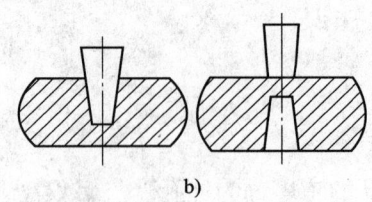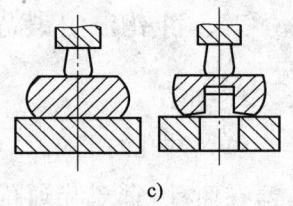

图 2—119 实心冲头的方向
a) 锻锤上的单面冲孔 b) 锻锤上的双面冲孔 c) 水压机上的双面冲孔

1) 实心冲头双面冲孔。双面冲孔用于厚料冲孔，其操作方法如下：

①先将冲头放在坯料冲孔处轻击一下，取出冲头观察冲出的凹坑位置是否正确，若不正确可重新校正冲头的位置，直到所轻击的凹坑位置正确。

②如图 2—120a 所示，在找正的凹坑内放入少许煤粉，其目的是便于取出冲头。因为煤粉在高温下燃烧，产生气体，可借力将冲头取出。

③如图 2—120b 所示，在凹坑处放上冲头，锤击，直到深度达到毛坯高度的 0.7~0.8 倍，取出冲头。

④如图 2—120c 所示，坯料翻转 180°，对准孔位放上冲头。

⑤如图 2—120d 所示，继续锤击将孔冲透。

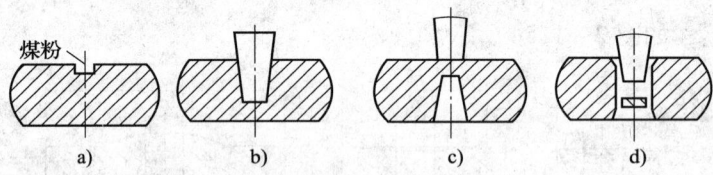

图 2—120 加煤粉实心冲头的双面冲孔

这种操作方法不太安全，冲头在煤粉燃烧的作用下，易飞出伤人，操作需特别小心，而且锻锤不可连击，也不可将锤头抬得过高。为避免冲头伤人，可以将前面的方法进行一些修改，第一次冲孔前不加煤粉，锤击到深度后，不取出冲头，坯料翻转 180°，将第二个冲头对准孔位，再锤击冲去连皮，同时将第一个冲头冲下，如图 2—121 所示。

2) 实心冲头单面冲孔。单面冲孔常用于坯料高度与直径之比（H/D）小于 0.125 的薄料冲孔，其操作方法如下：

①取与冲头合适的漏盘，漏盘孔的孔径由冲头尺寸和坯料的板厚来决定，如果没有合适的漏盘，需要上车床现制作。

②将坯料置于漏盘的上面，将冲头的大头向下对准孔位，如图 2—122a 所示。

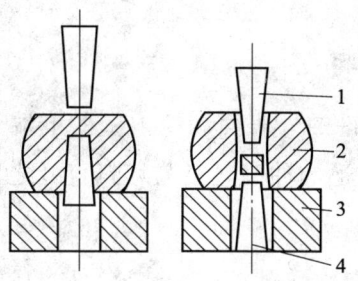

图2—121 不加煤粉实心冲头的双面冲孔
1—第二个冲头 2—坯料
3—漏盘 4—第一个冲头

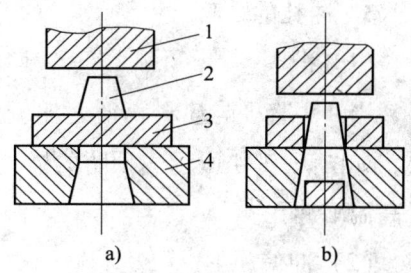

图2—122 实心冲头的单面冲孔
1—上砧 2—冲头 3—坯料 4—漏盘

③锤击冲头直至冲透,如图2—122b所示。

实心冲头单面冲孔的特点是坯料变形小,操作简单,但芯料损耗大。

(2) 空心冲头冲孔的方法

水压机上大于 $\phi400$ mm 的孔需采用空心冲头冲孔,空心冲头冲孔均采用单面冲孔。

空心冲头冲孔的操作步骤:

1) 钢锭冒口端朝下,冲头放在钢锭中心,放合适冲头的冲垫,压下。

2) 如果冲垫高度不够,加第二个冲垫,压下,如图2—123a所示。

3) 当冲孔到一定深度后,将坯料和冲头移到漏盘上继续冲,如图2—123b所示。

4) 加第三个冲垫,至冲孔结束,芯料掉下,如图2—123c所示。

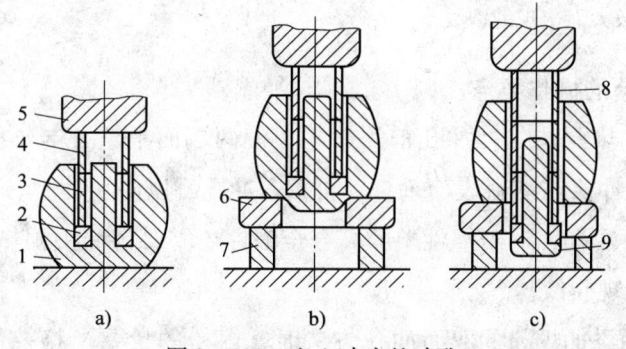

图2—123 空心冲头的冲孔
1—坯料 2—冲头 3—第一个冲垫 4—第二个冲垫
5—上砧 6、7—漏盘 8—第三个冲垫 9—芯料

空心冲头冲孔的特点是坯料变形小,芯料损耗大;但对于大型锻件来说,所采用的钢锭其中心质量差的部分恰好被冲掉,从而改善了坯料的力学性能。

3. 冲孔的缺陷

(1) 锻裂

当冲头直径与坯料直径之比较大时,锻件的外表面和孔内壁的上端会出现裂纹,如图2—124所示。预防的措施是选择合适的冲头直径与坯料直径之比,并选择高温下冲孔。

(2) 冲偏

对于高坯料,冲孔冲偏的情况很多,有工具的原因、坯料的原因和人为的原因等,矫正冲偏的方法如下:

1) 适当转动冲头或坯料,一般锤锻转动冲头,而水压机锻造可转动回转镦粗台,前期轻锻,冲头进入坯料的位置竖直后,再重击。

2) 当冲头已经歪斜时,需要采用拍板纠正,如图2—125所示。轻击拍板,待冲头垂直于坯料后,去除拍板,轻击冲头,确认无误后,方可继续冲孔。

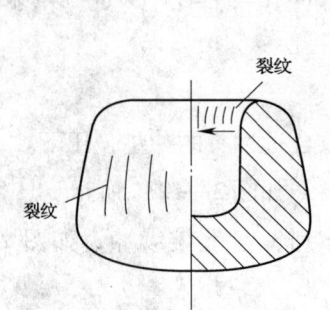

图2—124 冲头直径与坯料直径之比较大而出现的裂纹

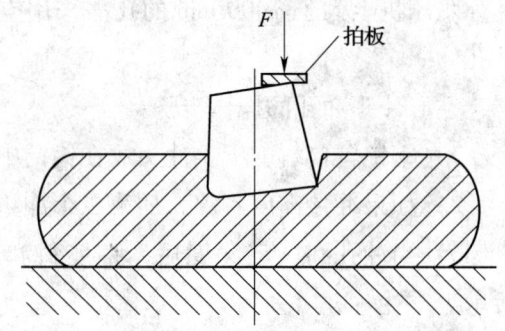

图2—125 采用拍板纠正冲偏

4. 冲孔锻造的操作要点

(1) 坯料加热要均匀,冲孔前需镦粗,使两端面平整并与轴线垂直;冲孔操作时轻击,确认冲头与坯料表面垂直,再重击冲孔,以防止冲歪。

(2) 高温下冲孔,对于塑性差的高合金锻件还需要将冲头预热到250~300℃,以防止冲孔时出现裂纹。

(3) 当采用添加煤粉的双面冲孔方法时,煤粉的量要严格控制,并且操作者要注意防护,以免冲头飞出伤人。

(4) 钢锭的冒口朝下是为保证冒口部分全部被冲下,在对钢锭下料时,在冒口端做记号。

(5) 冲头不得有裂纹、油污,温度过高时及时浸水冷却。

技能要求

一、实例一

1. 工作名称

φ90 mm 碟簧毛坯的锻造操作。

2. 工作过程

碟簧毛坯的锻件图见表2—17，碟簧毛坯的锻造工艺为镦粗、冲孔和平整，火次为1次，其操作步骤见表2—17。

表 2—17　　　　φ90 mm 碟簧毛坯的锻造操作步骤

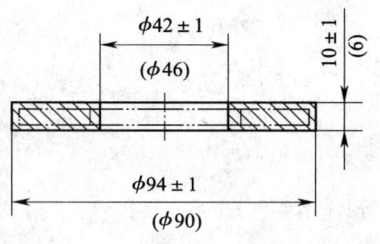

碟簧毛坯锻件图

锻件名称：φ90 mm 碟簧毛坯
锻件质量：0.44 kg
钢坯质量：0.54 kg
锻坯材质：60Si2Mn
钢坯尺寸：φ40 mm×55 mm
使用设备：250 kg 空气自由锻锤

火次	温度	操作方法及要求		变形过程简图	使用工具
1	1 100～850℃	下料：坯料直径40 mm，长度55 mm 加热坯料：采用中频加热炉，加热至1 100℃		（φ40，55）	锯床，直尺，中频加热炉
		镦粗	自由镦粗：镦粗高度至15 mm	（15）	上下平砧，夹钳
			漏盘镦粗：镦粗高度至10 mm。采用漏盘镦粗，能保证碟簧的外圆形状和尺寸	锻件　漏盘　（φ94）	上下平砧，夹钳，漏盘

续表

火次	温度	操作方法及要求	变形过程简图	使用工具
1	1 100～850℃	冲孔：由于锻件的板厚与外圆直径比小于0.125，所以采用单面冲孔	（冲头、锻件、定位板、凹模）	上下平砧，冲头，凹模，定位板
		平整	按锻件图和技术要求	上下平砧

3. 注意事项

由于碟簧的内孔和外圆的同轴度要求严格，在冲孔时采用定位板来定位。

二、实例二

1. 工作名称

M42 六角螺母的锻造操作。

2. 工作操作

M42 六角螺母的锻件图见表 2—18，锻造工艺为镦粗、双面冲孔、镦六方和成形螺母头，火次为 2 次，操作步骤见表 2—18。

表 2—18　　　　　　M42 六角螺母的锻造操作步骤

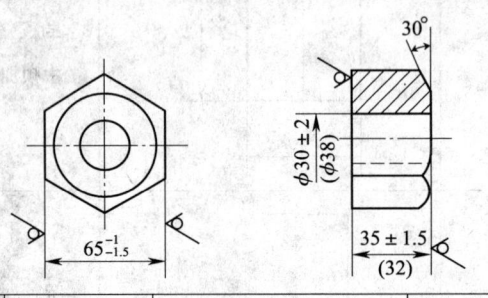

锻件名称：M42 六角螺母	
锻件质量：0.83 kg	
坯料尺寸：φ50 mm×59 mm	
锻坯材质：35 钢	
使用设备：250 kg 空气锤	

火次	温度	操作方法及要求	变形过程简图	使用工具
1	1 250～800℃	锯料：坯料直径 50 mm，锯切长度 59 mm 加热坯料：采用中频加热炉，加热至 1 250℃	φ50，59	锯床，直尺，中频加热炉
		镦粗：自由镦粗高度至 35 mm	35	上下平砧

续表

1	1 250~800℃	冲孔：双面冲孔，由于是标准件，需大批量生产，一般采用如图2—120所示的加煤粉实心冲头双面冲孔方法，冲孔效率较高		上下平砧，冲头
2	1 250~800℃	镦六方：使用六方上下槽进行镦粗		上下平砧，六方上下槽
		胎模成形螺母头		上下平砧，胎模

3. 注意事项

（1）严格下料尺寸和自由镦粗的高度，才能保证使用六方上下槽镦六方，不产生缺料和余料。

（2）开始冲孔时煤粉要少加，观察冲头是否可以脱离锻件，再逐渐加煤粉，能保证冲头脱离锻件即可。

三、实例三

1. 工作名称

双面凸台齿轮的锻造。

2. 工作过程

双面凸台齿轮的锻件图见表2—19，使用的坯料为圆坯，凸肩齿轮的锻造工艺为切割、镦粗、印槽、锻凸台、漏盘修正、修整，火次为1次，其操作见表2—19。

表2—19　　　　　双面凸台齿轮的锻造操作步骤

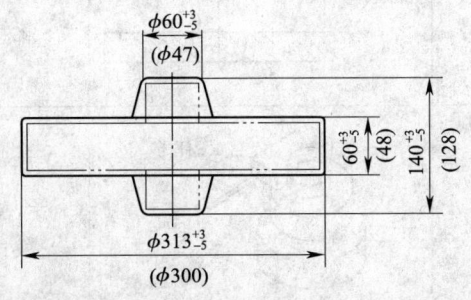

锻件名称：双面凸台齿轮

锻件质量：35 kg

锻坯材质：45钢

钢坯尺寸：ϕ150 mm×260 mm

使用设备：1 t蒸汽—空气自由锻锤

续表

火次	温度	操作方法及要求	变形过程简图	使用工具
1	1 220～850℃	下料、加热：取直径为150 mm，下料至260 mm，将坯料加热		
		镦粗：轻击，清除氧化皮；重击，镦粗至高度为150 mm		上下平砧，夹钳
		印槽：选择与锻件图凸台直径适合的压环，在坯料端面中心处印槽		上下平砧，压环，夹钳
		锻凸台：使用摔子，按印槽的痕迹依次轻压，进行镦凸台		上下平砧，摔子，夹钳
		印槽：翻转锻件，将锻出的凸台放进与其适合的漏盘的孔中，放平后，在另一端用压环进行印槽，注意漏盘的外径为310 mm		上下平砧，压环，漏盘，夹钳
		锻凸台：使用摔子，按印槽的痕迹依次轻压，进行镦凸台		上下平砧，摔子，漏盘，夹钳

续表

火次	温度	操作方法及要求	变形过程简图	使用工具
1	1 220 ~ 850℃	在两个漏盘中镦粗：在凸台上放上另一个同样尺寸的漏盘，对在两漏盘间的锻件进行中间镦粗，使得锻件的外表面稍稍超出漏盘外径。镦粗的同时，也对锻件的凸台进行了校正	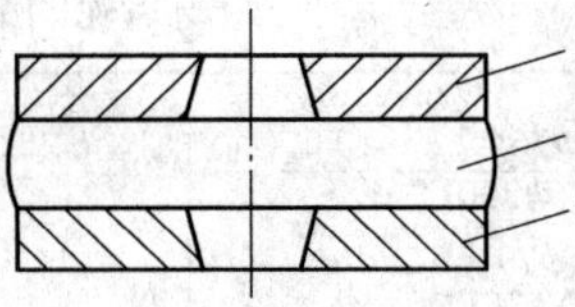	上下平砧，漏盘，夹钳
		滚圆：如右图所示放置带漏盘的锻件，用平砧轻轻地击锻件的凸肚，旋转锻件，这时上下漏盘会自行除去，继续旋转锻件，用平砧轻轻去除凸肚，滚圆	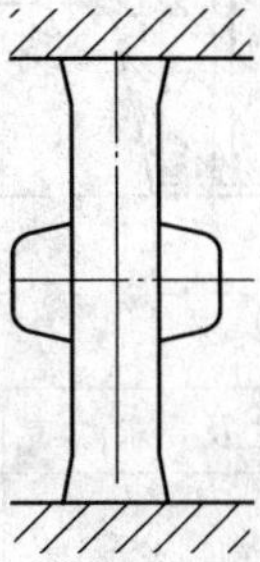	上下平砧，夹钳
		平砧修整：夹住法兰的一边，用平砧轻击，对法兰边缘进行平整	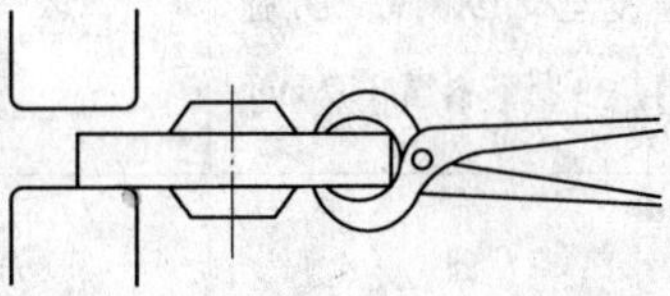	上下平砧，夹钳

四、实例四

1. 工作名称

凸肩齿轮的锻造。

2. 工作过程

凸肩齿轮的锻件图见表 2—20，使用的坯料为方坯，凸肩齿轮的锻造工艺为倒棱、切割、平端头、局部镦粗、双面冲孔、滚圆和修整，火次为 2 次，其操作见表 2—20。

五、注意事项

1. 镦粗锤击时要轻，拍掉氧化皮，再重击镦粗变形，重击时锻件应在砧座的中心，用力平稳。

2. 冲深孔时，冲头的温度会较高，要用水及时冷却冲头。

3. 自由锻造工在冲孔时应能准确判断冲孔的位置，如果无法实现，需采用定位板进行辅助定位；也可使用适合的压环印槽，先轻击锻出孔位，再进行冲孔，如图 2—126 所示。

表 2—20　　凸肩齿轮的锻造操作步骤

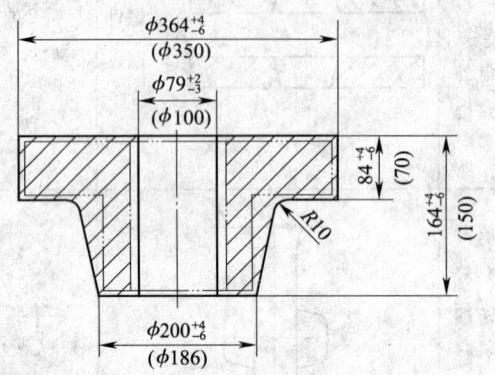

锻件名称：凸肩齿轮
锻件质量：87 kg
钢坯质量：96 kg
锻坯材质：45 钢
钢坯尺寸：190 mm 方坯
使用设备：3 t 蒸汽—空气自由锻锤

火次	温度	操作方法及要求		变形过程简图	使用工具
1	1 220 ~ 850℃	倒棱、切割：将方坯倒棱至 φ190 mm 的圆钢，热剁下料至 340 mm			上下平砧，夹钳，剁刀
		平端头：将锻件立起，轻锻，使两端面平整无毛刺，且与轴线垂直			上下平砧，夹钳
2	1 220 ~ 750℃	镦粗：清除氧化皮后，立即放入内孔为 φ200 mm、高度为 80 mm 的漏盘中，快速局部镦粗，边高度为 84 mm			上下平砧，夹钳，漏盘
		冲孔：采用双面冲孔	第一次冲孔深度至锻件底部 50 mm 处		上下平砧，冲头，漏盘，夹钳

续表

火次	温度	操作方法及要求	变形过程简图	使用工具
2	1 220 ~ 750℃	冲孔：采用双面冲孔	使用另一个冲头，从另一面锤击至冲透，第一个冲头和芯料一起落下	上下平砧，冲头，漏盘
		取出锻件毛坯：用和齿轮小端相适应的冲头，垫上合适的漏盘将锻件从漏盘中取出		上下平砧，冲头，漏盘
		滚圆：用平砧轻击凸肩端进行滚圆，并随时用量具检验锻件的径向尺寸，达到 $\phi364$ mm		上下平砧
		修整：轻击，校平，并达到锻件的高度尺寸 84 mm		上下平砧，漏盘

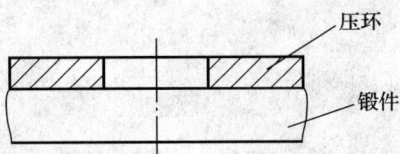

图 2—126 用压环印槽确定孔位

第3章 模锻造

第1节 工艺及工具准备

学习单元1 模锻造工艺的识读

 学习目标

➢ 掌握模锻的概念和特点
➢ 掌握模锻工艺规程的基本知识
➢ 能够识读带孔盘类、圈类、轴类锻件等简单模锻件图
➢ 能识读模锻工艺

 知识要求

一、模锻造

1. 模锻造的概念

将坯料加热后放在上下锻模的模膛内,施加冲击力或压力,使坯料在模膛所限制的空间内生产塑性变形,从而获得与模膛形状相同的锻件,这种锻造方法称为模

锻造。

模锻造可以在多种设备上进行，其中以在模锻锤上进行的模锻造应用最多，称为锤上模锻造。

模锻锤的结构如图3—1所示。它的砧座比自由锻锤的大得多，而且砧座与锤身连成一体，锤头与导轨之间的配合也比自由锻锤精密，因而锤头运动精确，在锤击中能保证上下模对准。

模锻造工作情况如图3—2所示。上下模分别安装在锤头下端和砧座上的燕尾槽内，用楔铁对准和紧固。

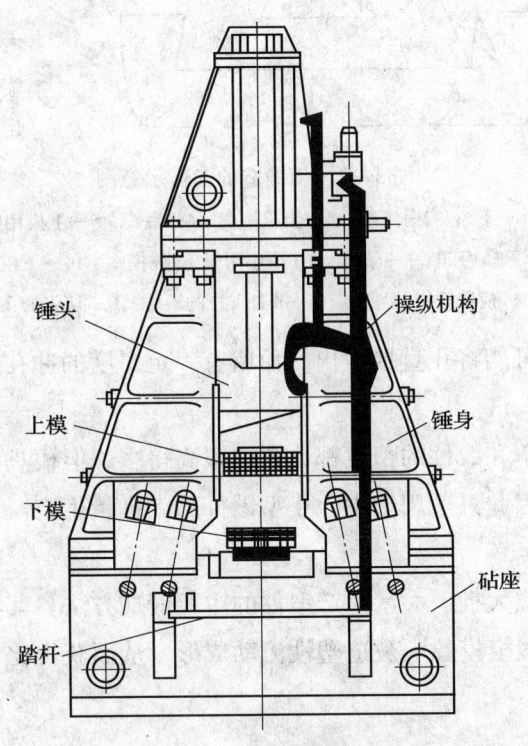

图3—1 模锻锤的结构图

锻模模具由专用的模具钢加工制成，具有较高的热硬性、耐磨性和耐冲击性。模膛内与分模面垂直的面都有5°~10°的斜度，称为模锻造斜度，其作用是便于锻件出模。所有面与面之间的交角都要做成圆角，以利于金属流动及防止由于应力集中而使模膛开裂。

为了防止锻件尺寸不足及上、下锻模冲撞，模锻件下料时，除考虑烧损量及冲孔损失外，还应使坯料的体积稍大于锻件。模膛的边缘也加工出容纳多余金属的飞边模，在锻造过程中，多余的金属即存留在飞边槽内，锻后再用切边模将飞边切

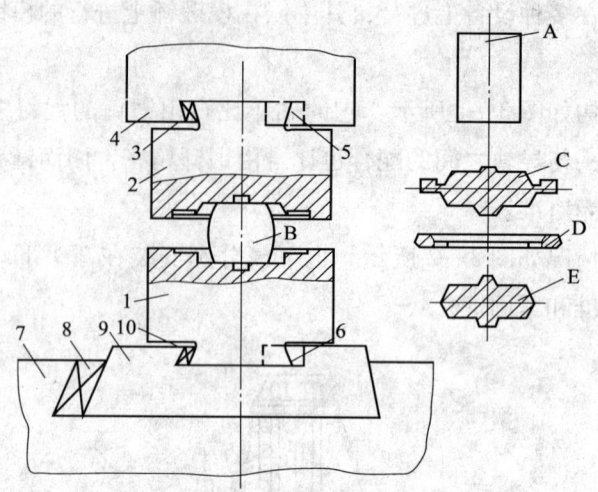

图3—2 模锻造的工作示意图

1—下模 2—上模 3—上模用楔 4—锤头 5—上模用键
6—下模用键 7—砧座 8—模座用楔 9—模座 10—下模用楔
A—坯料 B—模锻造中的坯料 C—带有飞边的锻件 D—切下的飞边 E—锻件

除。带孔的锻件不可能将孔直接锻出,而留有一定厚度的冲孔连皮,锻后再将连皮冲除。

模锻造的生产率和锻件的精度都比自由锻高得多,但模具制造成本高,需要吨位较大的模锻锤,因此只适用于中、小型锻件的大批量生产。

2. 模锻造的特点

模锻造是成批或大批、大量生产锻件的主要锻造方法。其特点是在锻压机器动力作用下,毛坯在锻模模膛中被迫塑性流动成形,从而获得比自由锻造质量更高的锻件。

(1) 模锻造的优点

1) 模锻造锤与其他锻压设备相比,具有工艺适应范围广、生产效率高、设备造价低等优点。

2) 金属在模膛中是在一定速度和击打能量下,经多次连续锤击而成形的。

3) 模锻造锤的击打能量、击打速度可在操作中调节,能够实现轻重缓急击打,可以进行镦粗、打扁、拔长、滚挤、弯曲、卡压、成形、预锻和终锻等各类工步。

4) 锤头的行程和模具封闭高度不是固定的,高度尺寸变化范围大,因而锤锻模容易实现多次翻新。

5）锤上模锻造时金属在高度方向的流动和充填能力较强。金属充填上模的能力要比下模强得多。

6）锤上模锻造的适用性广，可生产多种类型的锻件。可以单模膛模锻造，也可以多模膛模锻造；可单件模锻造，也可多件模锻造，还可以进行一料多件的连续模锻造。

（2）模锻造的缺点

1）设备投资大。

2）生产准备周期，尤其是锻模制造周期都比较长，批量小的锻件在经济上不合算。

3）锻模成本高，且寿命较低。

4）工艺灵活性不如自由锻造。

5）锤上模锻造没有顶料机构，因而难以生产某些出模困难的锻件，或者必须加大模锻造斜度。

6）锤锻模的模块较大。

二、简单模锻件图的识读

1. 识读零件图

一般来说，模锻造是为机械加工提供毛坯的，能够提供一个既符合机械加工要求，又符合模锻造工艺要求的毛坯（锻件），就是识读模锻件图的主要目的。锻件图是根据零件图绘制的，简单地说，是在零件图的基础上，加上机械加工余量和锻造后公差及相应的技术要求，绘制而成的。因此读懂锻件图的首要任务就是读懂零件图。读懂零件图的关键是要搞清以下几个问题：

（1）读懂零件的形状。区分是环孔形件，还是轴类零件。

（2）读懂零件的尺寸。包括外形尺寸、内孔尺寸及局部尺寸。

（3）读懂零件的加工精度要求。区分是精加工，还是普通加工。

（4）读懂零件的技术要求。如热处理硬度，未注倒角、圆角半径等。

（5）读懂零件的材质。区分是普通钢材，还是合金钢或有色金属。

2. 识读模锻件图

识读模锻件图的主要方式，是将零件图和模锻件图对照来读。观察锻件图上哪些部位发生了变化，变化部位对零件的机械加工有什么影响，对模锻造工艺和模具加工有什么影响，对经济效益有什么影响。

（1）读懂模锻件的分模面

模锻件是在上、下模膛的两部分内成形的,其上、下模膛的分界面称为分模面。所以必须搞清楚模锻件的哪一部分是上模膛成形的,哪一部分是下模膛成形的。根据锻件的性质,锻件分模线的形状有直线、折线、曲线等,如图3—3所示的水平的点画线。在满足模锻造工艺要求的前提下,尽量用直线分模,以利于模具加工。

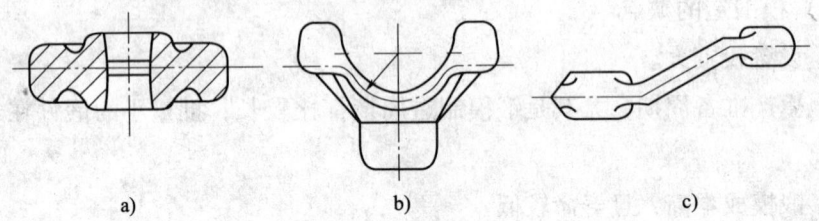

图3—3 锻件分模线的种类

a) 平直分模线 b) 对称弯曲分模线 c) 不对称弯曲分模线

(2) 搞清楚机械加工余量

影响机械加工余量的因素很多,如锻件的质量、锻件的复杂程度、锻件的材料、加热条件、机械加工精度、设备与锻模的精度等。确定机械加工余量的一般原则,是在保证零件的机械加工要求和模锻件的模锻造工艺要求的前提下,加工余量越小越好。锻件上不需要机械加工的部位称为黑皮,黑皮部位的尺寸不设加工余量,只有锻造公差,如图3—4所示。当锻件上有无法锻出或不便锻出的部分,要加上多余金属,以简化锻件形状,多加上去的金属称"余块",需加余块的部分往往是高度方向或直径相差不大的台阶、凹槽、小孔等,如图3—5所示。

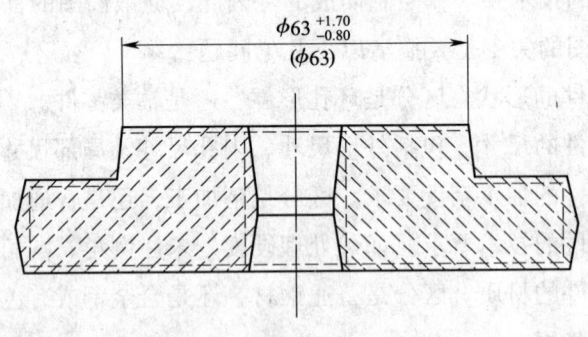

图3—4 锻件上的黑皮尺寸

1) 读懂模锻件图上的锻造公差。锻造公差的大小主要由锻造过程中的欠压,金属未充满模膛,模具磨损、变形,模具设计时冷缩率选取不当,锻模膛制造公差,锻锤精度,模具错移及工人操作误差等因素决定的。

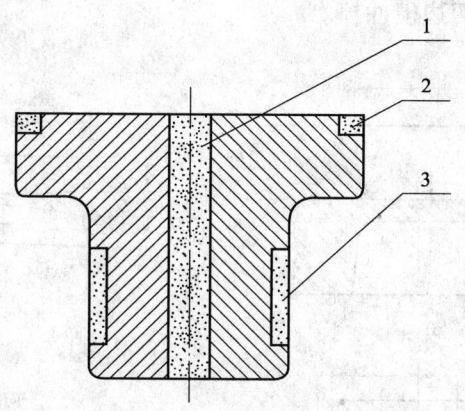

图 3—5 需加余块的部位
1—小孔 2—高度较小的台阶 3—直径相差较小的凹槽

2）搞清模锻造斜度。模锻件侧面设有模锻造斜度，以利于锻件脱模。锻模斜度分为外模锻造斜度和内模锻造斜度，如图 3—6 所示，锻件冷却时趋向离开模膛部分的斜度称外模锻造斜度 α，锻件冷却时抱紧模膛部分称为内模锻造斜度 β，β 应大于 α。模锻造斜度对工件的机械加工夹持造成困难，所以在满足锻件脱模的条件下，模锻造斜度越小越好。

3）读懂模锻件图上的圆角半径。锻件图上两相交线的交点处必须用圆弧过渡，如图 3—7 所示，因为直角相交不但使金属充模困难，也容易使模具凹角处产生裂纹，凸角处产生压塌等缺陷。锻件图上的外圆角半径 r 减小了锻件的实际余量，内圆角半径 R 增大了锻件的实际余量，所以在阅读锻件图时必须给予充分的重视。

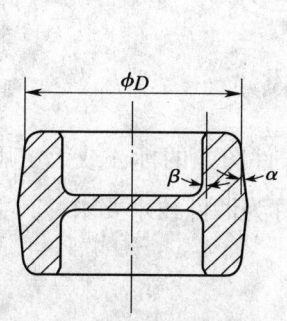

图 3—6 模锻件上的内外锻造斜度

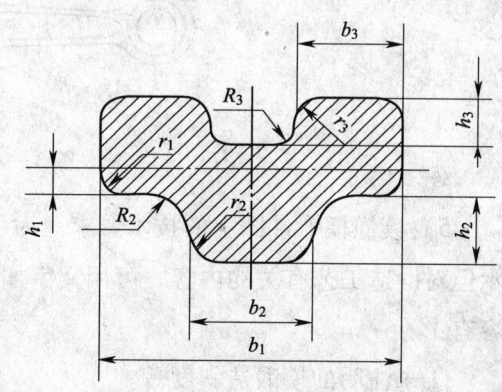

图 3—7 圆弧过渡

4）连皮和盲孔。锤模锻造无法锻造出通孔,只能锻出连皮的孔,如图3—8所示,连皮在切边时由切边模冲掉。

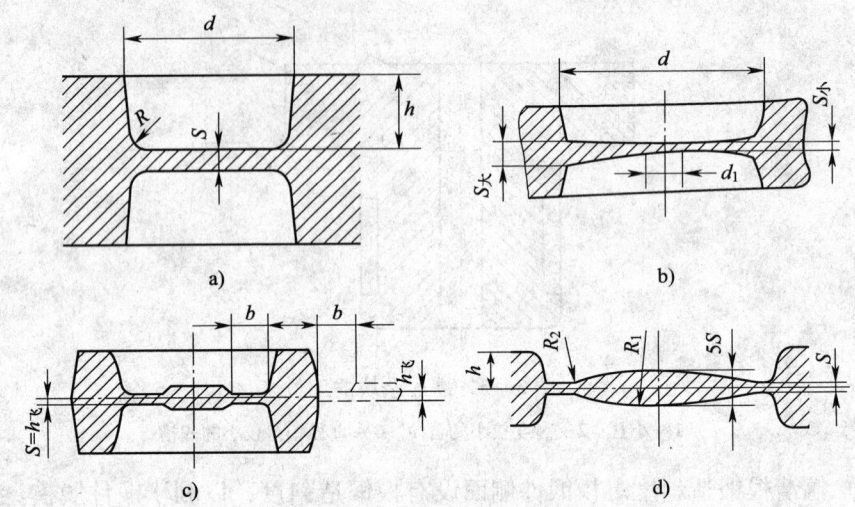

图3—8 冲孔连皮的形式
a）平底连皮 b）斜底连皮 c）带仓连皮 d）拱底连皮

锻件上对于小于$\phi 30$ mm的孔,一般不予锻出,作为机加工时钻孔定位中心可在孔位压出凹坑,称为盲孔,如图3—9所示,盲孔可以是双面的,也可以是单面的。

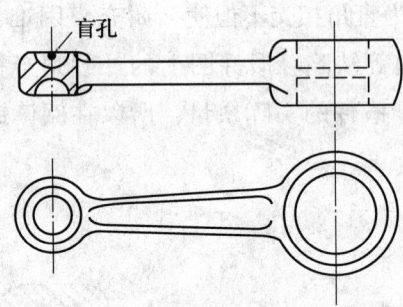

图3—9 盲孔

5）读懂模锻件图上的技术要求。为了简化在锻件图上的标注或无法用视图表示但对锻造工艺有关的内容,可用文字加以说明,称为锻件技术要求,其主要的内容有:

①未注明的模锻造斜度。

②未注明的圆角半径。

③允许的表面缺陷深度。

④允许位错。

⑤允许的残留飞边和切入深度。

⑥热处理方法及硬度范围。

⑦锻件的表面清理方法和要求。

⑧其他要求，如纤维方向、力学性能、过热、脱碳等。

三、典型锻件模锻造工艺

1. 模锻造工艺规程的主要内容

一般模锻造的整个工艺流程由以下工序组成：

（1）备料工序

备料工序是按锻件图确定坯料的规格、尺寸与质量，将原材料切割成单件的原毛坯。特殊情况下，还包括原毛坯表面的除锈、防氧化和润滑处理等。

（2）加热工序

按变形工序要求确定加热温度和生产节拍，加热原毛坯或中间坯料。

（3）变形工序

变形工序即锻造成形工序，模锻造的锻造成形工序分为预锻和终锻。对于复杂形状锻件，需将原坯料预制成一定形状的坯料，称为制坯工序。变形工序是根据锻件类型、坯料与选用的模锻造设备确定的。工序数目有多有少，但终锻工序是必不可少的。

（4）锻后工序

为了使锻件最后能完全符合锻件图（包括技术条件）的要求所需的工序称为锻后工序。这类工序包括切边、冲孔、弯曲、扭转、热处理、校正、表面清理、磨残余毛刺、精压（又称压印）等。

（5）检验工序

检验工序分为工序间检验（又称中间检验）和最终检验。工序间检验一般为抽检，并应发动生产工人自检，这对于避免造成成批的废品、次品和返修品是非常必要的。检验项目包括几何形状尺寸、表面质量、金属组织和力学性能等方面，具体的检验项目根据锻件的要求确定。

模锻造工艺的一般流程（工序组成的顺序）如图3—10所示。某一锻件的工艺流程要根据具体情况对上述一般流程中的工序有所取舍，但组成工序的顺序一般不会有大的改变。模锻造生产的工艺流程是模锻造工厂或车间平面布置的依据。按工艺流程模锻造生产组织一般划分为备料、模锻造（包括加热、锻造、切边和冲孔、热校正等工序）和热处理（包括清理、冷校正、冷精压等工序）三个车间（或工段）。通常由加热设备、模锻造设备、切边设备（有时还包括制坯设备和热校正设备）按工艺流程组成一个模锻造机组。

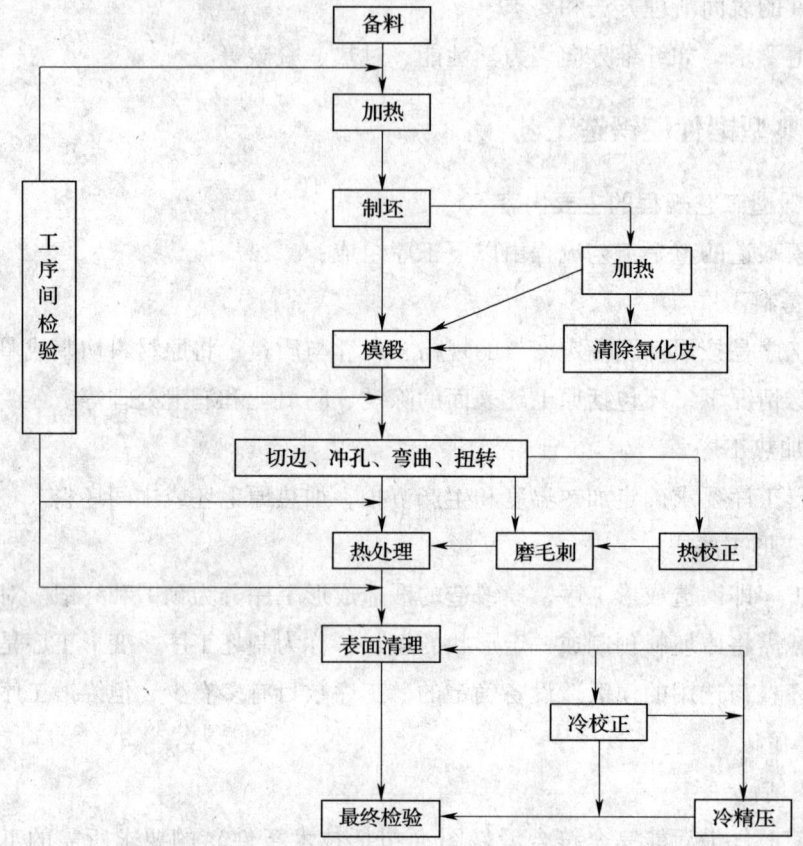

图3—10 模锻造工艺的一般流程

2. 模锻件的分类

模锻造工艺或模锻造方法与锻件外形密切相关。按照锻件外形和模锻造时毛坯的轴线方向，模锻件分成两大类，即圆饼类锻件和长轴类锻件。

（1）圆饼类锻件

该类锻件在分模面上的锻件投影为圆形或长宽尺寸相差不大的矩形。模锻造时，毛坯轴线方向与击打方向相同，金属随高度的减小，沿着平面方向流动。终锻前通常利用镦粗平台或拍扁平台进行制坯，以保证获得合格的锻件。

（2）长轴类锻件

该类锻件的轴线较长，即锻件的长度与宽度的尺寸比例较大。模锻造时，毛坯轴线方向与击打方向垂直，金属主要沿宽度方向流动，沿长度方向流动很小。为此，当锻件沿长度方向其截面面积变化较大时，必须增加制坯工步，如卡压、成形、拔长、滚挤、弯曲工步等，使沿长度方向的坯料变形，获得截面变化近似锻件的坯料，以保证锻件饱满成形。

3. 模锻造工步的确定

模锻造生产完整的工艺过程包括下料、毛坯质量检验、加热、模锻造、切边冲孔、表面清理、校正（精压）、锻件热处理、质量检验、入库等工序。

模锻造工序是工艺过程中最关键的组成部分，锤上模锻造工序包括三类工步。

第一类：制坯工步。包括镦粗、拔长、滚挤、卡压、成形、弯曲等制坯工步。

第二类：模锻造工步。包括预锻和终锻。

第三类：切断工步。

各种制坯工步的特征和用途见表3—1。

表3—1　　　　　　　　　制坯工步及其用途

名　称	制坯工步简图	用　途
镦粗平台	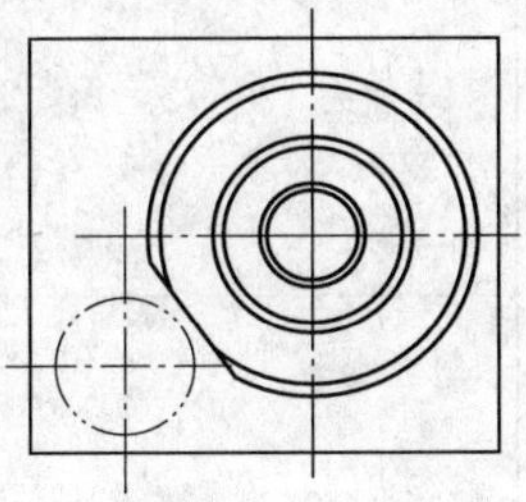	为模锻造圆饼类锻件必需的制坯工步，其作用是清除氧化皮、有助于终锻时提高成形质量
压扁平台	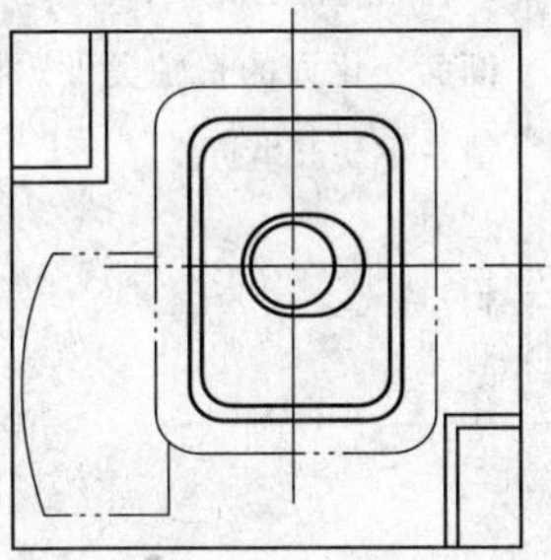	用来增大水平面尺寸，具有与镦粗平台相同的作用
开式拔长	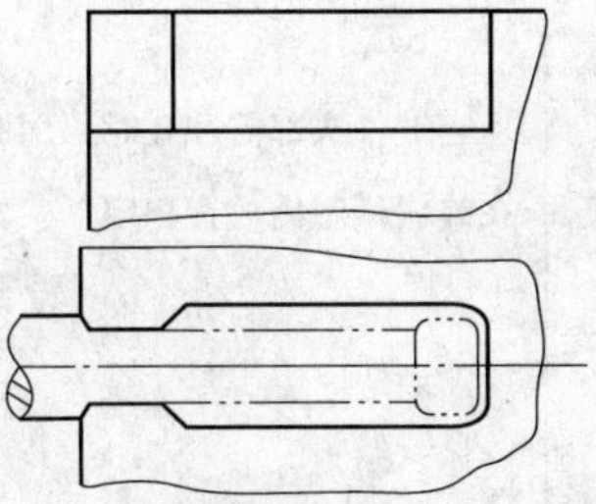	使坯料局部断面积减小，而增大其长度

续表

名　称	制坯工步简图	用　途
闭式拔长		作用与前者相同，但拔长效率高，适用于断面变化较大的长轴类件
开式滚挤		使坯料局部断面积减小，而另一部位断面积增大
闭式滚挤		作用与前者相同，但滚挤效率高，更适用于断面变化大的长轴类件，制坯后坯料表面光滑，不易产生折叠
混合式滚挤		当锻件头部需冲孔时，用此形式滚挤后坯料在终锻模膛内放置稳定

续表

名 称	制坯工步简图	用 途
不对称滚挤		用于在水平面投影不对称的锻件。$\dfrac{h_1}{h_2}<2$ 时适用；$\dfrac{h_1}{h_2}$ 为 1.8～2.5 时，头部改为开式，以利于金属流动
卡压		金属轴向流动不大，坯料局部聚积，局部压扁
成形		使坯料符合锻件水平面图形，金属轴向流动不大，适用于带枝芽的锻件
弯曲		使坯料弯曲后符合锻件水平投影的轮廓，金属轴向流动很小，并局部卡压

制定模锻造工艺过程的主要任务是确定制坯工步。圆饼类锻件与长轴类锻件的制坯工步有本质上的区别,因而确定的方法互不相同,甚至其坯料的计算方法也不一样。

(1) 圆饼类锻件制坯工步选择

圆饼类锻件一般使用镦粗制坯,形状较复杂的宜用成形镦粗制坯。不过特殊情况下,也有用拔长、滚挤或打扁制坯的,见表3—2。

表3—2　　　　　　　　　圆饼类锻件的变形工步实例

序号	锻件简图	变形工步	说明
1	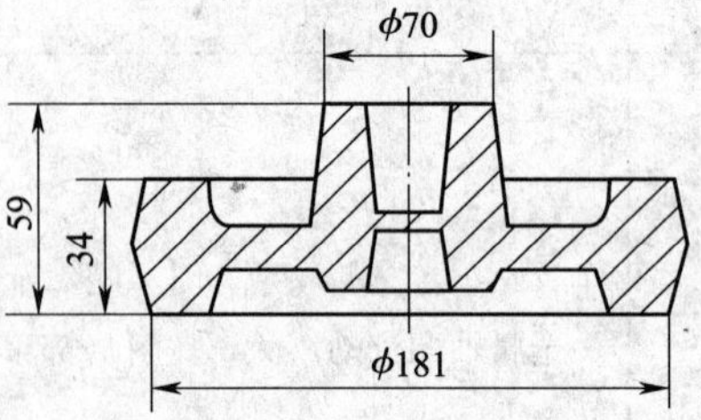 (φ70, 59, 34, φ181)	自由镦粗 终锻	适用于一般齿轮锻件
2	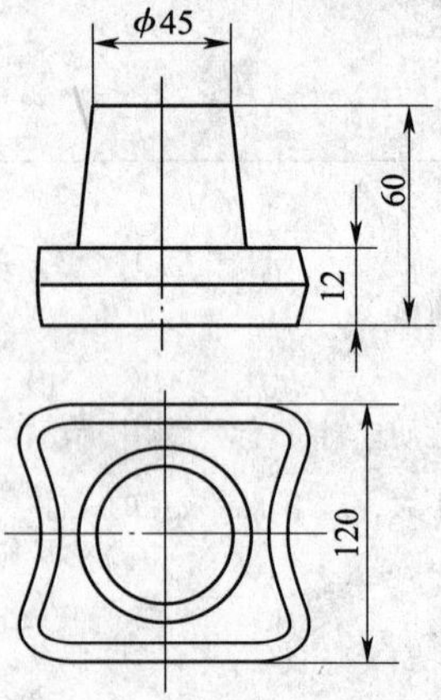 (φ45, 60, 12, 120)	自由镦粗 成形镦粗 终锻	适用于轮毂较高的法兰锻件
3	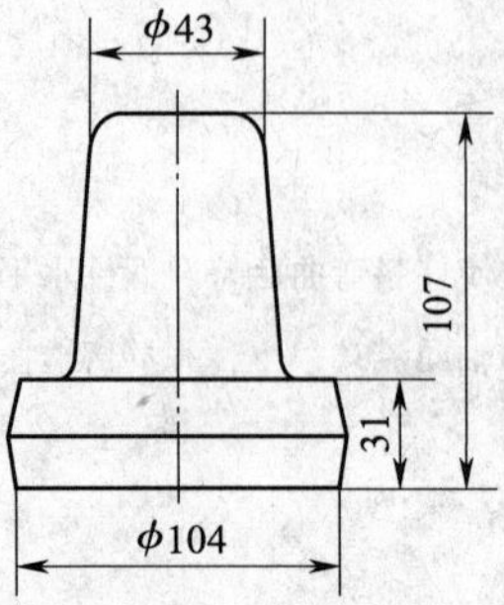 (φ43, 107, 31, φ104)	拔长 终锻	适用于轮毂特高的法兰锻件

续表

序号	锻件简图	变形工步	说明
4	φ94	坯料直接终锻	适用于直径较大的套环锻件，即不便在锻模上安排镦粗台
5	φ94	滚挤 打扁 终锻 切断	适用于对金属纤维方向无严格要求的小型圆饼类锻件；逐件模锻造生产率高
6	φ176, 59, 96, φ109	自由镦粗 套锻	适用于材料、件数均相同，尺寸配合好的锻件
7	φ173, 62, φ23, 240	自由镦粗 打扁 终锻	适用于平面接近圆形的锻件

续表

序号	锻件简图	变形工步	说明
8	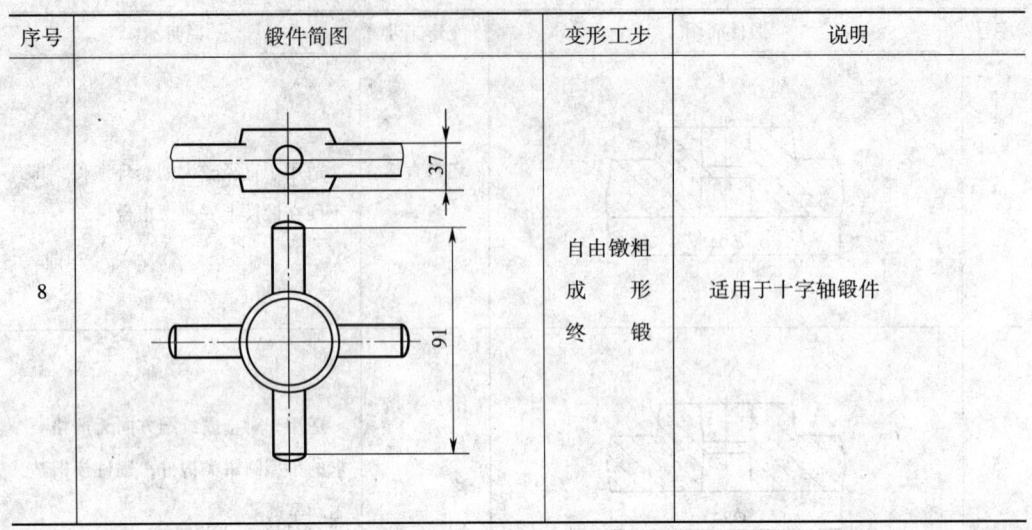	自由镦粗 成　形 终　锻	适用于十字轴锻件

圆饼类锻件的坯料进行镦粗制坯,目的是减低高度,除去表面氧化皮。高度降低可以避免终锻时产生折叠,除去氧化皮可提高锻件表面质量和提高锻模寿命。

(2) 长轴类锻件工步选择

长轴类锻件有直长轴线锻件、弯曲轴线锻件,其次还有带枝芽的长轴件和叉形件等。由于形状的需要,长轴类锻件的模锻造工序由拔长、滚挤、弯曲、卡压、成形等制坯工步,以及预锻、终锻和切断工步所组成。长轴类锻件制坯工步是根据锻件轴向横截面积变化的特点,使坯料在终锻前金属的分布近似锻件的截面。

1) 直长轴线锻件。这是较简单的一种锻件,一般需用拔长、滚挤、卡压、成形制坯工步等,以保证终锻时获得优质锻件,如图 3—11 所示。

2) 弯曲轴线锻件。这种锻件的变形工序可能与前一种相同,但仍须增加一道弯曲工步,如图 3—12 所示。

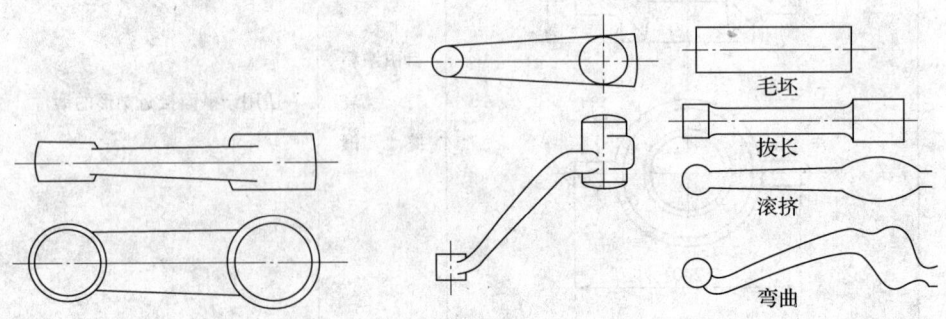

图 3—11　直长轴线锻件的工步　　　图 3—12　弯曲轴线锻件的工步

4. 设备吨位的选择

在生产中，为了方便起见，设备吨位采用经验公式或图表来确定，然后参照相似锻件的经验，按生产实际选用设备吨位。

（1）经验公式法

双动模锻锤 $\quad\quad\quad\quad G = 10 \, (3.5 \sim 6.3) \, k S_{件}$ （3—1）

单动模锻锤 $\quad\quad\quad\quad G_1 = (1.5 \sim 1.8) \, G$ （3—2）

无砧座锤 $\quad\quad\quad\quad\quad G_2 = 2G$ （3—3）

式中 $S_{件}$——锻件和毛边（按仓部的50%计算）在水平面上的投影面积，cm^2；

k——材料系数，查表3—3确定；

G、G_1、G_2——设备吨位，N。

当要求高的生产率时，公式3—1中的经验系数可采用6.3，一般取3.5~6.3之间的数值。

表3—3 终锻温度时各种材料的变形抗力 σ 和系数 k

材料	k	$\sigma/(N/mm^2)$			$\sigma/(N/mm^2)$
		锻锤	锻压机	平锻机	热切边
碳素结构钢（$C<0.25\%$）	0.9	55	60	70	100
碳素结构钢（$C>0.25\%$）	1.0	60	65	80	120
低合金结构钢（$C<0.25\%$）	1.0	60	65	80	120
低合金结构钢（$C>0.25\%$）	1.15	65	70	90	150
高合金结构钢（$C>0.25\%$）	1.25	75	80	90	200
合金工具钢	1.55	90~100	100~120	120~140	250

（2）图表法

为了节省计算时间，也可以通过绘制如图3—13所示的曲线确定双动锤的吨位。如果只有单动锤可供使用，则应在计算的基础上加大1.5~1.8倍即可。

应当强调，这项计算方法适用于直径或换算直径小于60 cm的锻件。

举例：有一35钢锻件，水平面投影面积 $S_{投}$ 为 162 cm^2，锻件长度 $L_{件}$ 为 20.1 cm，求所需双动锤的吨位。

解：因锻件投影面积为 162 cm^2，因此换算直径、平均宽度各为：

$$D_{件} = \frac{2}{\sqrt{\pi}} \sqrt{162} = 14.4 \, (cm)$$

$$B_{均} = 162/20.1 = 8 \, (cm)$$

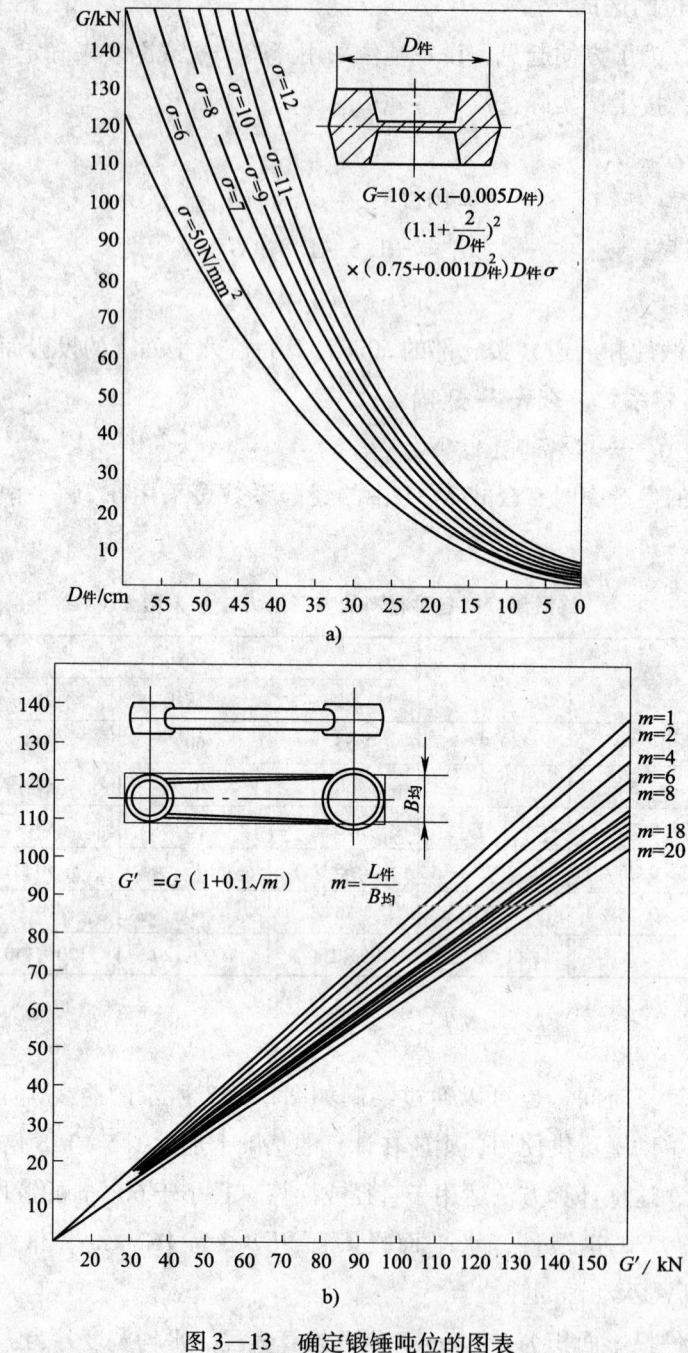

图 3—13 确定锻锤吨位的图表
a）圆饼类锻件 b）长轴类锻件

查表 3—3 得到 $\sigma = 60 \text{ N/mm}^2$，可首先按圆饼类锻件计算吨位，然后换算成长轴类锻件所需吨位。由图 3—13 中的公式可得：

$$G = 10 \ (1-0.005 \times 14.4) \ \left(1.1 + \frac{2}{14.4}\right)^2 (0.75 + 0.001 \times 14.4^2) \times 14.4 \times 60$$
$$= 11\ 783 \ (\text{N})$$

$$G' = G\left(1 + 0.1\sqrt{\frac{L_{件}}{B_{均}}}\right) = 11\ 783\left(1 + 0.1\sqrt{\frac{20.1}{8}}\right) = 13\ 651 \ (\text{N})$$

从计算结果看来，应选用 15 kN 或 20 kN 模锻锤。

若按经验公式 3—1 中 $G = 10 \times 6.3\ kS_{件}$ 计算，可取 $k = 1$。设毛边宽为 2.5 cm，则：

$$S_{件} = \frac{\pi}{4}(14.4 + 2.5 \times 2)^2 = 295.5 \ (\text{cm}^2)$$

$$G = 10 \times 6.3 \times 295.5 = 18\ 616.5 \ (\text{N})$$

若按 $G = 10 \times 3.5\ kS_{件}$ 计算，则锻锤吨位减小：

$$G = 10 \times 3.5 \times 295.5 = 10\ 342.5 \ (\text{N})$$

计算结果表明，对该种锻件，选用 10～20 kN 模锻锤都是可以的。

5. 典型锻件模锻造工艺

根据锻件形状的不同，锻件可分为饼类锻件和轴类锻件。

饼类锻件在锻造过程中，锻件的轴线与击打方向平行；而轴类锻件在锻造过程中，其轴线与击打方向垂直。两类锻件模锻造工艺过程如图 3—14 所示。如果锻件批量小或形状简单，可以省去预锻工步，如杆类锻件的截面积相差不大，可不经制坯而直接模锻造（预锻、终锻）。

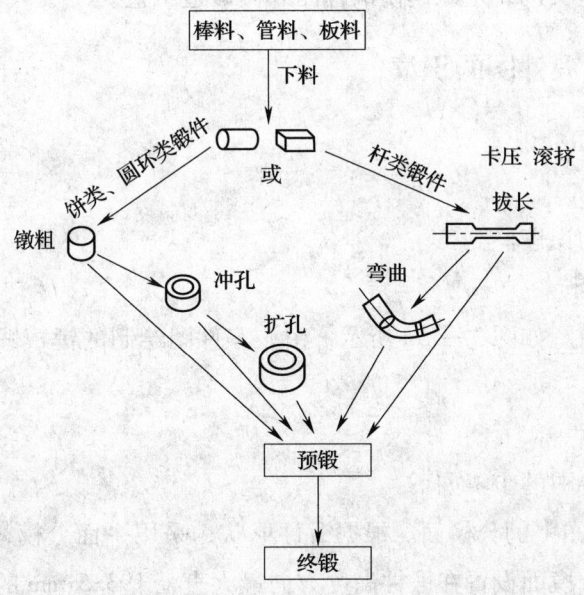

图 3—14 模锻造的工艺过程

锤上模锻造工步包括下列三类：

(1) 制坯工步

两类锻件采用不同的制坯工步。

1) 饼类锻件的制坯工步只有镦粗工步，用于减小坯料高度和清除金属表面的氧化皮，以延长终锻模膛的使用寿命。

2) 杆类锻件的制坯工步有卡压、滚挤、拔长、弯曲、成形及压扁工步。其中前三类工步用于使材料沿坯料轴线重新分配，弯曲和成形工步用于使坯料轴线形状符合锻件在分模面上的形状。压扁工步用于使坯料水平尺寸增大，以减小坯料在模锻造模膛中的横向金属变形，使金属能较好地充填模膛。

(2) 模锻造工步

模锻造工步包括预锻和终锻工步。其中，预锻工步用于改善金属在终锻模膛中的流动情况，减少终锻模膛的磨损，延长模具的使用寿命。

(3) 切断工步

切断工步用于使锻件与钳口部分坯料分离，或对于多件模锻造将带毛边的锻件分离成单件，各模锻造工步在锻模中相对应的模膛中完成。因此，采用某种工步，在锻模中就应设置与该种工步相对应的模膛。

 技能要求

下面通过典型实例，来识读模锻件图和模锻造工艺。

一、简单模锻件图的识读

1. 饼类锻件图的识读

(1) 工作名称

齿轮锻件图的识读。

(2) 工作介绍

齿轮的零件简图如图 3—15a 所示，由该零件图绘制的锤模锻件图如图 3—15b 所示。

(3) 工作过程

识读齿轮锻件图的步骤如下：

1) 确定锻件图上的分模面。根据锻件形状，采用平面分模，为了便于将锻件从模膛内取出，分模面设置在锻件高度方向最大直径 193.5 mm 的中间。

2) 弄清锻件图上的机械加工余量，根据零件尺寸对照识读锻件尺寸。

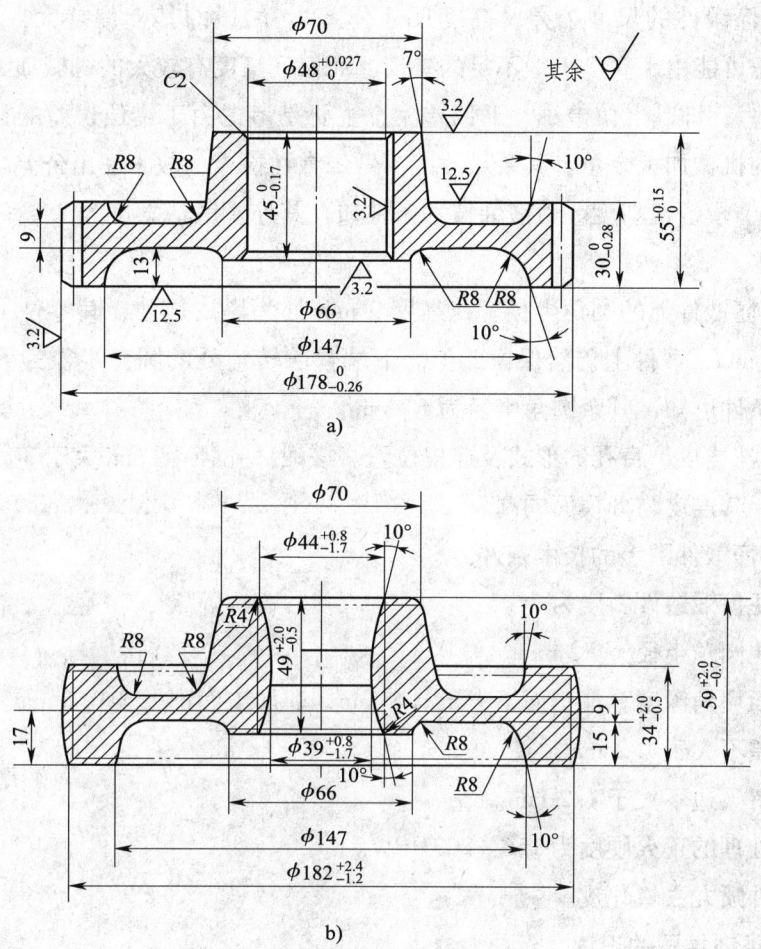

图 3—15 齿轮的零件图及锻件图
a) 齿轮的零件图 b) 齿轮的冷锻件图

零件直径尺寸 70 mm（∽）——锻件直径尺寸 70 mm，即锻件"黑皮"部分尺寸。

零件直径尺寸 147 mm（∽）——锻件直径尺寸 147 mm，锻件"黑皮"尺寸。

零件直径尺寸 178 mm（$\overset{3.2}{\triangledown}$）——锻件直径尺寸 182 mm，机械加工余量 4 mm。

零件直径尺寸 66 mm（∽）——锻件直径尺寸 66 mm，锻件"黑皮"尺寸。

零件孔径尺寸 48 mm（$\overset{3.2}{\triangledown}$）——锻件孔径尺寸 44 mm，机械加工余量 4 mm。

零件高度尺寸 13 mm（∽、$\overset{12.5}{\triangledown}$）——锻件高度尺寸 15 mm，机械加工余量 2 mm。

零件高度尺寸 30 mm（$\overset{12.5}{\triangledown}$）——锻件高度尺寸 34 mm，机械加工余量 2 mm。

零件高度尺寸 55 mm（$\overset{3.2}{\triangledown}$、$\overset{12.5}{\triangledown}$）——锻件高度尺寸 59 mm，机械加工余量 4 mm。

零件高度尺寸 9 mm（∽）——锻件高度尺寸 9 mm，即锻件"黑皮"部分尺寸。

3) 读懂锻件的尺寸公差。高度尺寸公差为 $^{+2.0}_{-0.5}$，即其上偏差大，下偏差小；主要是考虑可能由于高度上锻不足的补偿，而保证高度有较大的机械加工余量。孔径公差为 $^{+0.8}_{-1.7}$，即其上偏差小，下偏差大；主要是考虑由于错位误差的补偿，保证孔有较大的机械加工余量。其余尺寸因不做经常性检查，故未注出公差。

4) 弄清模锻造斜度。由锻件技术条件知，其外模锻造斜度为 7°，内孔模锻造斜度为 10°。

5) 读懂锻件上的圆角半径。在高度 9 mm 处为黑皮尺寸，其零件上的圆角半径就是 $R8$ mm，锻件上仍然保留此值。下端台阶转角处的圆角半径为 $R4$ mm。由锻件技术条件可知，其余圆角半径为 $R2$ mm。

6) 弄清连皮、盲孔的形式及连皮位置。该锻件孔径 48 mm 大于 30 mm，故应锻出内孔，其连皮与分模面同高。

7) 读懂锻件图上的技术条件。

①未注模锻造件斜度为 7°。

②未注圆角半径为 $R2$ mm。

③表面塌角深度。加工面不大于 0.8 mm，非加工面不大于 0.6 mm。

④错差不大于 1.2 mm。

⑤残留飞边不大于 1.2 mm。

⑥热处理的正火硬度为 156～207HBW。

⑦锻件喷丸去氧化皮。

2. 轴类锻件图的识读

(1) 工作名称

主动轴锻件图的识读。

(2) 工作介绍

主动轴的零件简图如图 3—16a 所示，由该零件图绘制的锤锻模锻件图如图 3—16b 所示。

(3) 工作过程

识读主动轴锻件图的步骤如下：

1) 确定锻件图上的分模面。根据锻件形状和为了便于将锻件由模膛内取出，采用主动轴的轴线作为分模面。

2) 弄清锻件图上的机械加工余量，根据零件尺寸对照识读锻件尺寸。

为了简化锻造工艺与模具，采用加余块的方法将零件图进行简化，即将尺寸大的相邻轴径按其最大的统一为同一个直径尺寸，并按其确定锻件尺寸。按有关模锻

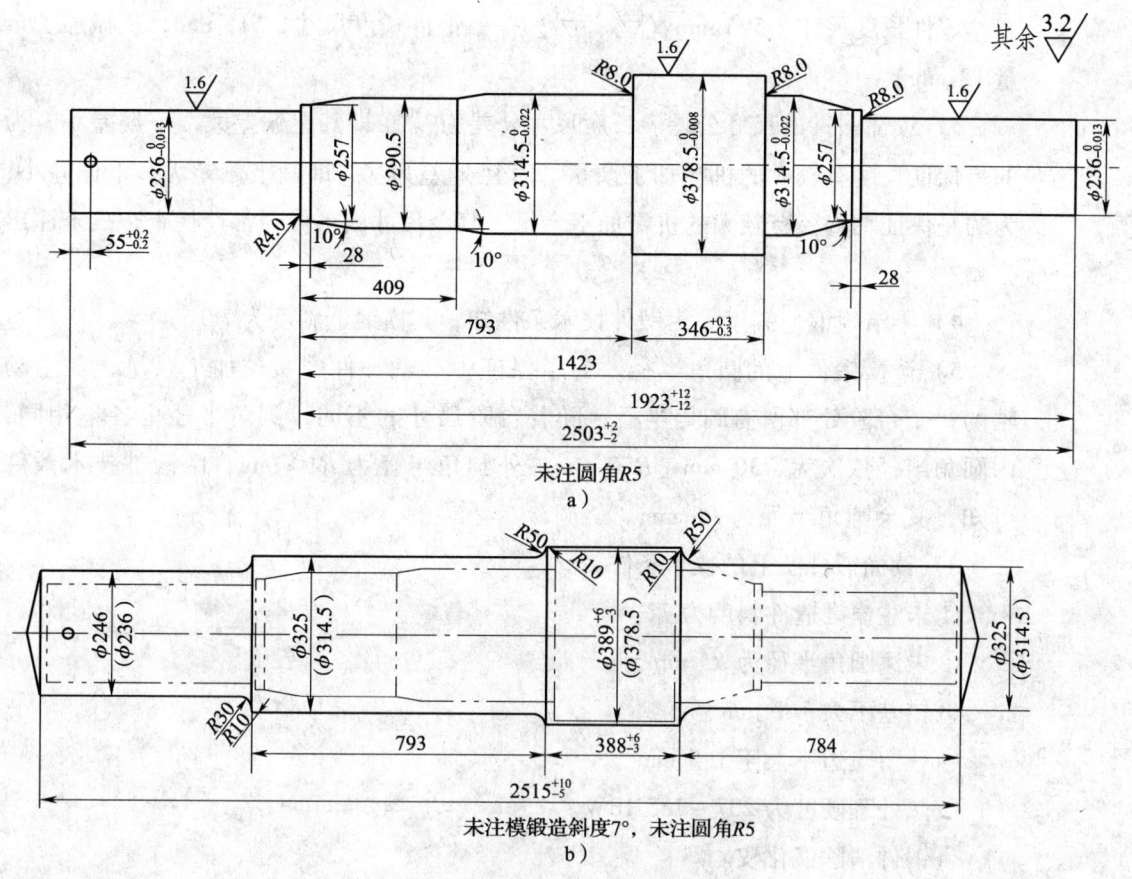

图 3—16 轴类零件图及锻件图
a) 中心轴的零件图 b) 中心轴的锻件图

件表面加工余量规定，查得锻件直径方向的余量（双边）为 10 mm，长度方向的余量（双边）为 12 mm。

零件直径尺寸 236 mm（$\nabla^{1.6}$）——锻件直径尺寸 246 mm，机械加工余量 10 mm。

零件直径尺寸 257 mm（$\nabla^{3.2}$）——锻件直径尺寸 325 mm，机械加工余量 68 mm；为了简化锻造工艺，所以采用与直径 314.5 mm 的部分一起锻造。

零件直径尺寸 290.5 mm（$\nabla^{3.2}$）——锻件直径尺寸 325 mm，机械加工余量 34.5 mm；为了简化锻造工艺，所以采用与直径 314.5 mm 的部分一起锻造。

零件直径尺寸 314.5 mm（$\nabla^{3.2}$）——锻件直径尺寸 325 mm，机械加工余量 10.5 mm。

零件直径尺寸 378.5 mm（$\nabla^{1.6}$）——锻件直径尺寸 389 mm，机械加工余量 10.5 mm。

零件长度尺寸 346 mm（$\nabla^{3.2}$）——锻件长度尺寸 388 mm，机械加工余量 42 mm。

零件长度尺寸 2 503 mm（$\overset{3.2}{\triangledown}$、$\overset{1.6}{\triangledown}$）——锻件长度尺寸 2 515 mm，机械加工余量 12 mm。

3）读懂锻件的尺寸公差。长度尺寸公差为 $^{+10}_{-5}$，即其上偏差大，下偏差小，为的是保证长度有较大的机械加工余量。直径公差为 $^{+6}_{-3}$，即其上偏差大，下偏差小，为的是保证轴直径有较大的机械加工余量。其余尺寸因不做经常性检查，故未注出公差。

4）弄清模锻造斜度。由锻件技术条件知，其模锻造斜度为 7°。

5）读懂锻件上的圆角半径。为了保证中心轴锻件的机械加工余量，在主动轴的每个台阶处都留有圆角半径；随着台阶尺寸的不同，圆角半径也各不相同，内圆角半径依次为 R30 mm、R50 mm，外圆角半径为 R10 mm；由锻件技术条件可知，其余圆角半径为 R5 mm。

6）读懂锻件图上的技术条件。

①未注模锻造件斜度为 7°。

②未注圆角半径为 R5 mm。

③错差不大于 2 mm。

④残留飞边不大于 1.5 mm。

⑤热处理硬度为 207~285HBW。

⑥锻件清除氧化皮。

二、模锻造工艺的识读

1. 工作名称

气门摇臂锻造工艺的识读。

2. 工作条件

锻坯材质为 45 钢，锻坯质量为 0.50 kg，加热炉为连续式炉，为大批量生产，锻件图见表 3—4。

3. 工作过程

（1）识别锻件图的步骤

1）看工艺卡，了解锻件。气门摇臂模锻造工艺卡见表 3—4。

气门摇臂模锻造工艺分析：模锻造工艺流程为滚压、预锻、终锻、切断、冷切边、冷冲孔、冷校正、打磨毛刺、热处理、清理、检验、防锈处理。该件为内燃机发动机内关键零件之一，不能生锈，故设有防锈处理。该件冷校正之后的工序在工艺卡上未予列出。

表 3—4　　　　　　　　　　　气门摇臂模锻造工艺卡

名称	气门摇臂
锻件质量/kg	0.33
下料质量/kg	0.50
材质	45 钢
材料规格/mm	φ30×361（件）

技术要求

1. 允许残留毛刺不大于 0.5 mm
2. 锻件错差不大于 0.4 mm
3. 锻件表面缺陷（含氧化皮）深度不大于 0.4 mm

工序号	工序名称	设备	操作方法及要点	锻造温度/℃ 始锻	终锻
1	下料	锯床	按下料规格下料，打印记		
2	加热	室式炉	按加热规范进行		
3	滚压	1 t 模锻锤	在锻模左侧的滚压模膛中进行不对称滚压工步。操作时先轻打几下，随打随翻转90°，最后重打一下再翻转90°后移入下一模膛，并勤吹氧化皮	1 220	800
3	预锻	1 t 模锻锤	在预锻模膛内预锻		
3	终锻	1 t 模锻锤	在终锻模膛内终锻。操作时注意锻件充满情况，勤吹氧化皮，注意润滑模具，保证锻件成形		
3	切断	1 t 模锻锤	在锻模切断模膛，将锻好的锻件连同飞边切下		
4	冷校正冲孔	2.5 MN 压力机	冷态下切边，经常检查切边模间隙，冷冲孔		
5	冷校正	1 t 模锻锤	在专用校正模内校正		

2）看懂视图，想象锻件形状。气门摇臂锻件图见表3—4中的右上角。从气门摇臂锻件图可以看出，该件为中间大、带有圆柱和肋板、形状比较复杂的模锻件，

属于杆类锻件。

3）分析标注尺寸。尺寸精度为普通精度，但形状复杂。该件质量小，尺寸小，是典型的多模膛锤上模锻件，故可多件模锻造。由于该件形状复杂，左右尺寸又不对称，需用滚压模膛进行非对称滚压预成形，然后要确认方向放进预锻模膛。预锻模膛的设置是为了提高终锻模膛的使用寿命。

4）了解其他的技术要求。

①允许残留毛刺不大于 0.5 mm。

②锻件错差不大于 0.4 mm。

③锻件表面缺陷（含氧化皮）深度不大于 0.4 mm。

（2）识读气门摇臂锻件模的锻造工艺

依据表 3—4 所示的工艺卡，气门摇臂模锻造的工序分为五步：

1）下料。将 $\phi30$ mm 棒料毛坯用弓形锯床下料成 $\phi30$ mm × 361 mm 的坯料。

2）加热。采用室式炉进行加热，始锻温度为 1 220℃，终锻温度为 800℃。

3）模锻造。通过前述计算公式计算后，可以采用 1 t 模锻锤滚挤、预锻、终锻、切断。

4）冷校正、冲孔。用 2.5 MN 压力机冷态切边和冲中间的孔。

5）冷校正。1 t 模锻锤，用专用模进行校正。

三、注意事项

1. 读懂锻件图，分析锻件图中所提供的信息。
2. 注意模锻造工艺卡中的技术要求。

学习单元 2　常用的模锻设备

学习目标

➢了解模锻锤及辅助设备的类型、结构、组成和特点
➢能判断模锻设备及辅助设备的使用状态

知识要求

模锻锤是模锻造的常用设备，可分为空气模锻锤和蒸汽—空气模锻锤两类，它

以锤头落下部分质量来规格设备的大小，一般空气模锻锤设备较小，蒸汽—空气模锻锤较大，前者是单柱式（见图3—17），后者是拱式（见图3—18）。

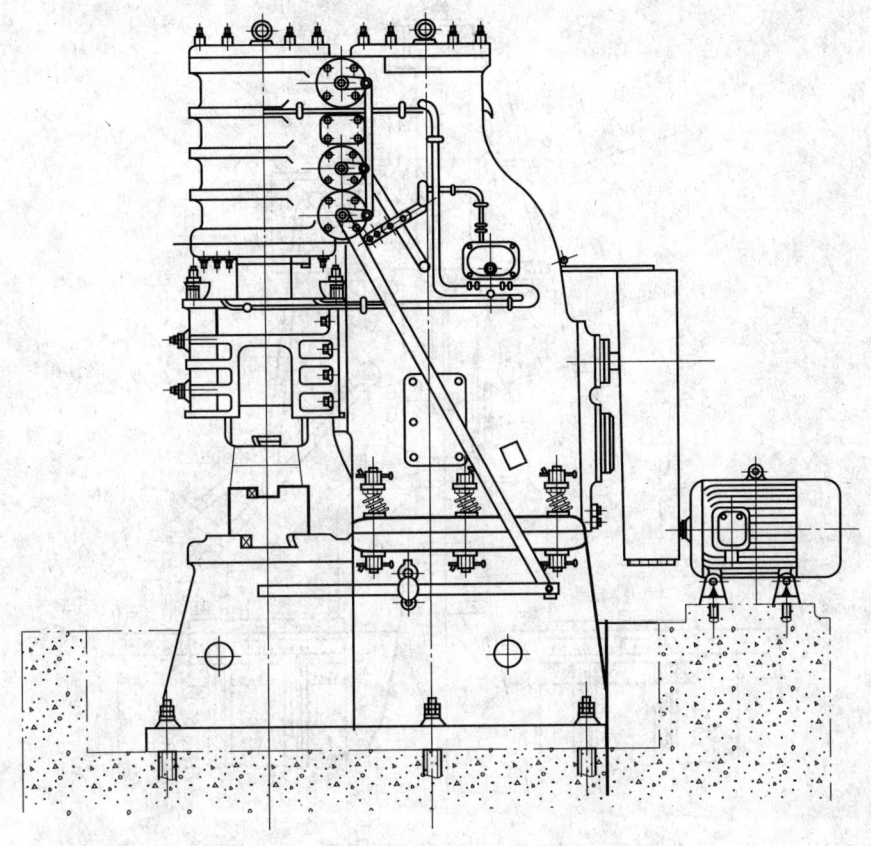

图3—17　C43—400型空气模锻锤的外形图

一、模锻设备

1. 空气模锻锤

空气锤是由电动机直接驱动的锻压设备。空气锤的优点是安装方便，安装费用低；击打速度快，为95～245次/min，能充分满足小型锻件在锻造过程中因冷却速度快，必须快速完成锻造成形的要求。空气锤既可进行自由锻造，又可进行模锻造，所以空气锤在小型锻件生产中得到了广泛的应用。它的不足之处是吨位小。常用空气锤的最大吨位为20 kN。

（1）空气模锻锤的组成

如图3—17所示，C43—400型空气模锻锤的组成：

1）机架。机架又称为锤体，由工作缸、压缩缸、锤身和底座组成。

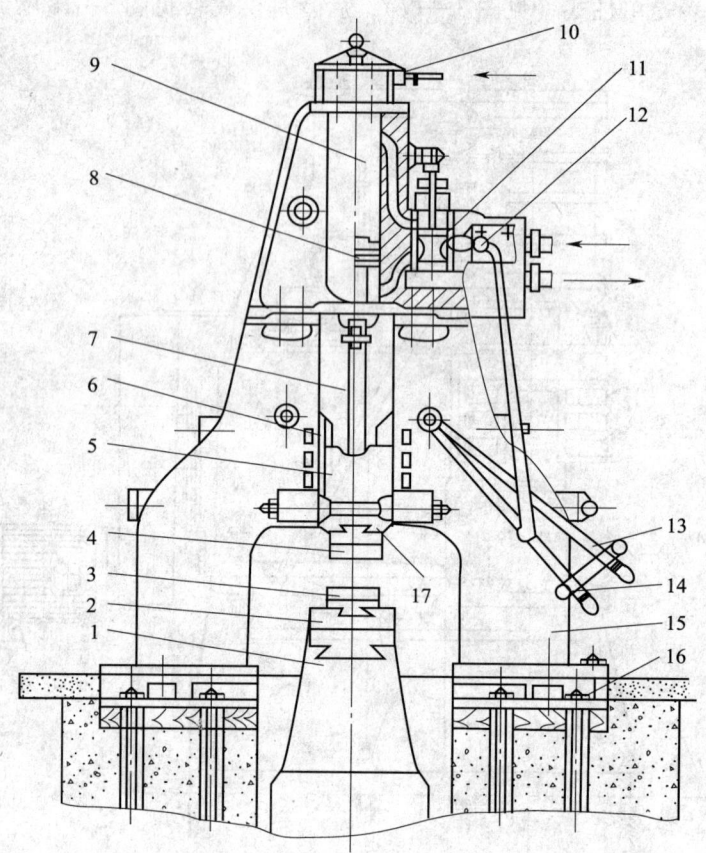

图 3—18 双柱式蒸汽—空气自由锻锤的外观图

1—砧座 2—砧垫 3—下砧 4—上砧 5—锤头 6—导轨 7—锤杆
8—活塞 9—气缸 10—缓冲缸 11—滑阀 12—截气阀 13—滑阀操纵杆
14—截气阀操纵杆 15—立柱 16—底座 17—拉杆

2）传动部分。传动部分由电动机、减速器（V 带、带轮、齿轮）、曲柄连杆机构及压缩活塞等组成。

3）操作部分。操作部分由上、下旋阀，旋阀套和操纵手柄（踏杆）等组成。

4）工作部分。工作部分包括落下部分（工作活塞、锤杆和上砧块）和锤砧（下砧、砧垫和砧座）。

（2）空气模锻锤的结构特点

如图 3—19a 所示是自由锻空气锤结构图，图 3—19b 是空气模锻锤结构图。随着锻件质量要求的不断提高，自由锻锤的精度已经不能满足锻件精度的要求，所以由自由锻空气锤改装而成空气模锻锤，它继承了自由锻空气锤的优点（适合小批量生产、速度快、效率高），克服了自由锻空气锤的缺点。主要在以下三个方面进行了改进：

1）自由锻空气锤的机身和砧座是分开安装的，击打时刚度较差；空气模锻锤的机身安装在砧座上，用六根带弹簧的拉紧螺栓连接在一起，形成了一个封闭框架，提高了击打时的刚度。

2）自由锻空气锤的锤头不设导向装置；空气模锻锤设有锤头导向装置，导向框架有八根螺栓与机身前部紧固连接。调整导向框架内的斜铁可调节锤头导向平面与导轨间的间隙，从而提高了导向精度。

3）自由锻空气锤的砧座质量较小，大约为落下质量的10~12倍，击打刚度和击打效率较低。空气模锻锤的砧座较大，其质量为落下质量的20倍，提高了击打刚度和击打效率，使其锻出的模锻件轮廓更清晰。

（3）空气模锻锤的技术参数

空气模锻锤的技术参数见表3—5。

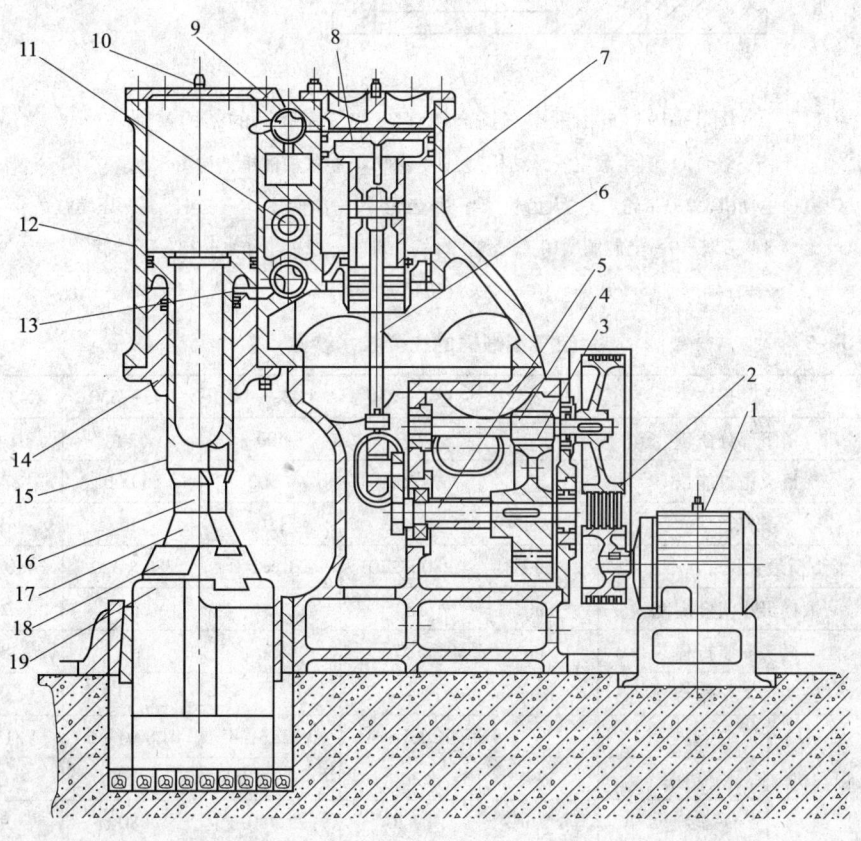

a)

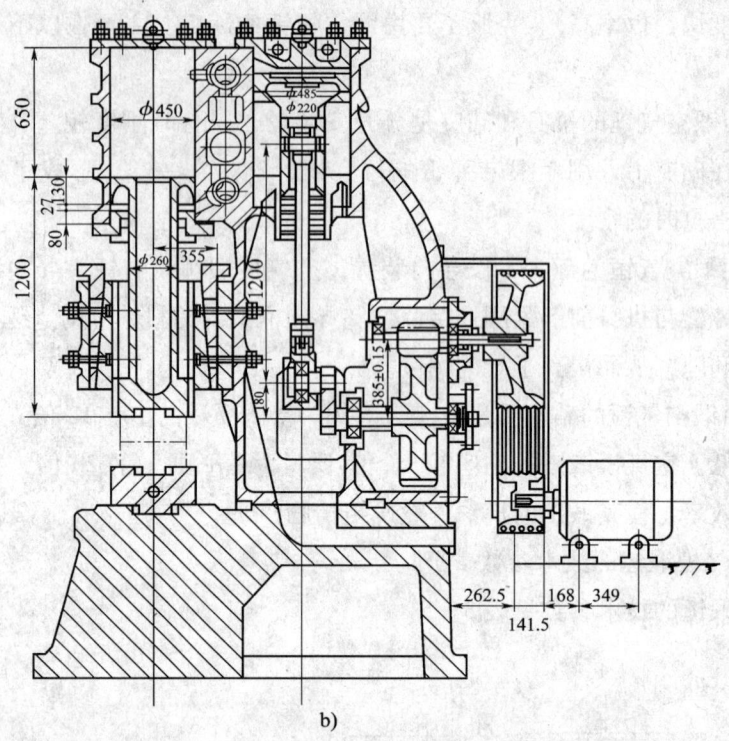

图 3—19　自由锻空气锤与 400 kg 空气模锻锤的结构差别

a）自由锻空气锤结构图　b）400 kg 空气模锻锤结构图

1—电动机　2—带轮　3—大齿轮　4—小齿轮　5—曲柄轴　6—连杆　7—压缩缸
8—活塞　9—上旋阀　10—顶盖　11—中旋阀　12—工作缸　13—下旋阀
14—锤杆导套　15—锤杆　16—锤头（上砧）　17—下砧　18—砧垫　19—砧座

表 3—5　　空气模锻锤的主要技术参数

序号	产品规格		单位	C43—250	C43—400	C43—630	C43—1000
1	落下部分质量		kg	250	400	630	1 000
2	最大击打能量		J	5 600	9 500	16 000	27 000
3	击打频率		次/min	140	120	115	95
4	上、下模最大尺寸（长×宽）		mm	280×220	320×260	380×320	460×400
5	锻模最小闭合高度		mm	180	200	300	220
6	锤头安装行程		mm	580	650	750	890
7	锤头最大工作行程		mm	——	577	700	801
8	电动机	型号		Y200L—4	Y225S—4	Y280M—6	Y315S—6
		功率	kW	30	37	55	75
		转速	r/min	1 470	1 480	980	950
9	外形尺寸（长×宽×高）		mm	—	3 250×1 080×3 420	2 232×1 150×3 900	3 400×1 400×4 180

续表

序号	产品规格	单位	C43—250	C43—400	C43—630	C43—1000
10	底座质量	t	50	85	126	200
11	总质量	t	110	170	230	380

注：底座质量不包括模座、下模块以及紧固件的质量。

(4) 空气模锻锤的使用

空气模锻锤的动作原理和工作循环与空气自由锻锤相同。

为了正确地使用与维修锻造设备，保证人身安全和设备不发生故障，以减小不必要的损失，在使用过程中需注意以下事项：

1) 空行程起动。空气锤开动前后，操作手柄应放在"空行程"位置，以保证电动机空载起动。

2) 避免冷打。所谓冷打，是指空击，即上下砧块直接对击，或是指工件只能发生很小的塑性变形情况下的重击（包括锻造温度低或很薄的锻件，以及用没有水平毛边的闭式锻模锻造）。因为在这种情况下，锤的击打能量主要由锤杆的弹性变形所吸收，容易引起锤杆断裂。

3) 保证润滑。空气锤所有相对运动的表面都应有良好的润滑。特别是前后两缸和各轴承在缺油情况下使用时，短期内就可造成严重磨损或烧毁。所以要按空气锤使用说明书指定的润滑位置加油，按期限和润滑油种类供油。油太稠可能流动不畅造成缺油，油太稀又会大量流失，保持不住油膜，起不到润滑作用。不良的润滑可造成锤杆的发热、卡住或缸体磨损，在润滑油内加入5%的二硫化钼，可提高润滑效果。

4) 经常检查，及时修理。由于锤击时有较大的振动，各处螺钉或斜楔等紧固件容易松动。需随时注意紧固，以防重大事故发生。工作中发现有异响，多是零件松动或损坏造成的，要立即停车检查，松动件要紧固，折断件要换新，以及时消除隐患。

5) 注意安全。在调换上下砧块时，应该用适当的垫铁托住锤杆，防止发生意外。电气设备要接地可靠，以免绝缘损坏发生触电。

(5) 空气模锻锤的维护

1) 执行设备三级保养制度。每班做好日常的设备维护保养，设备累计运行500 h进行一次一级保养，累计运行2 500 h进行一次二级保养。

2) 做到"三好"（管好、用好、修好）、"四会"（会使用、会保养、会检查、会排除故障），遵守"五项纪律"（凭操作证操作设备，遵守安全操作规程，保持设备整洁及润滑良好，遵守交接班制度和管好工模具，发现故障及时停机检查修理)。

3) 保证设备整齐、清洁、润滑、安全。

4) 经常检查设备正常运转的使用规程是否得到有效执行。

2. 蒸汽—空气模锻锤

蒸汽—空气模锻锤的主要动力来源是蒸汽或压缩空气,由锻造设备厂动力部门的供气站供给。

(1) 蒸汽—空气模锻锤的组成

该设备的结构主要有砧座部分、机架部分、落下部分、气缸部分和操作机构等。其结构如图3—20所示。

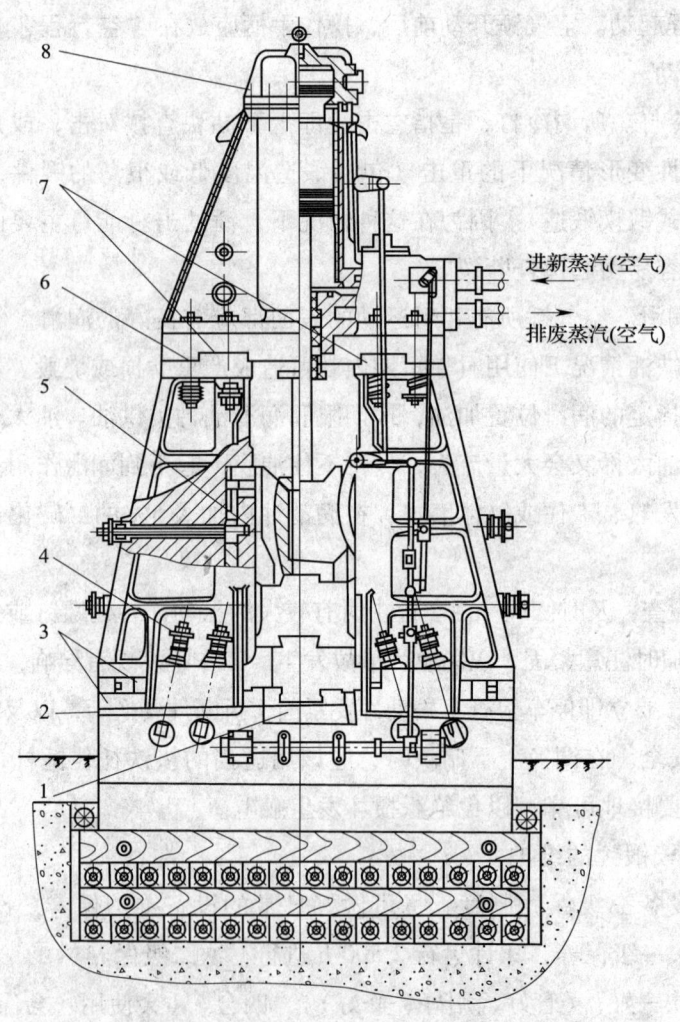

图3—20 蒸汽—空气模锻锤的结构图

1—模座 2—楔铁 3—纵向楔、横向楔 4—弹簧 5—导轨 6—气缸底板 7—左右立柱 8—保险缸

(2) 蒸汽—空气模锻锤的结构与操作特点

如图3—20所示,蒸汽—空气模锻锤有以下主要特点:

1) 结构特点

①模锻锤的支柱直接安放在砧座上,用八根带弹簧的强力拉紧螺栓连接在一起,与底座构成一个封闭框架,保证上、下模能对中,并提高了锻锤的刚度。

②为了提高击打刚度,模锻锤砧座质量为其落下部分质量的20～30倍。

③模锻锤支柱采用较长的精密可调导轨,以提高锤头运动的导向精度。

④机身为异形截面的实体结构,并用铸钢制造,故刚度大。

2) 操作特点

①用脚踏板进行操纵。为了使锤头的运动与模锻造操作协调一致,一般由模锻造工一个人操纵脚踏板来完成,不需另配司锤工。踏板可同时带动截气阀和滑阀,即可同时实现进气压力和进气量的调节,保证不同模锻造工艺上所需要的不同击打力量。

②在工作循环中以摆动循环代替悬空,当松开脚踏板时,锤头就在行程上方往复摆动;要进行模锻造时,只踩下脚踏板即可,保证在模锻造时可随时根据变形工艺要求调节击打能量和击打速度,并使操作简化。

(3) 蒸汽—空气模锻锤的使用与调整

1) 操作人员必须经过专业培训,合格后方可持证上岗。

2) 工作前,应检查设备紧固件有无松动,操作系统是否灵活可靠,并按规定加油润滑。

3) 工作前,打开进气阀门,让锤头停在上行程终点位置,操作手柄或脚踏板使锤头上、下摆动;检查运动部分是否灵活可靠,有无异常的声音,并保证气缸各部位不漏气。

4) 工作前,预热锻模、锤头、锤杆,检查预热温度是否达到150～250℃。

5) 工作中按工艺流程,在规定的锻造温度下依次在锻模各模膛中分轻、重击打,不可冷击锻模;不让氧化皮粘贴导轨。

6) 工作中如有异常的声音或发生故障,应立即停机检查、修理,故障排除后方可继续操作。

7) 工作后放下锤头,关掉进气门,清扫场地,做好交接班记录。

(4) 蒸汽—空气模锻锤的维护

同前述的空气模锻锤的维护。

(5) 常见故障及排除措施

蒸汽—空气模锻锤常见故障及排除措施见表3—6。

表3—6　　　　　蒸汽—空气模锻锤的常见故障及排除措施

序号	常见故障	产生原因	排除措施
1	进气阀开启后锤头升不起来	1）排气阀门未开启或被堵塞 2）进气压力不足 3）截气阀与阀套相对位置不对，造成气路堵塞 　①阀的安置位置不正确 　②刃阀的阀杆连接销折断 　③阀套在阀体内转动 4）锤头预热温度过高，膨胀后卡在两导轨之间 5）锤头与导轨的间隙过小 6）模具导锁卡咬在一起 7）气缸中心线与两导轨之间的中心线不重合 8）活塞从锤杆上脱落，或锤杆从活塞内孔下端面处折断 9）模具高度小于闭合高度，使活塞卡在气缸下进气口中 10）气缸套在缸体内转动，使进排气不通畅 11）杂物卡住滑阀，使滑阀不能下降 12）活塞直径过大，卡在缸套内 13）活塞环翻转被挤在缸套与活塞间隙之中	1）开启排气阀门或排除堵塞物 2）按要求升高进气压力 3）调整截气阀与阀套的相对位置 　①调整阀的位置 　②更换连接销 　③将阀套转回原位，并固定 4）冷却锤头至60℃左右 5）调整导轨至合适间隙 6）调整或磨修模具 7）调整导轨或气缸底板与立柱间垫板，使气缸中心线与两导轨的中心线重合 8）更换带活塞的锤杆 9）排除故障，更换活塞环，磨修气缸套被刮伤部分，不再使用该模具 10）将气缸套恢复原位，并固定 11）排除杂物 12）将活塞车削至合适尺寸 13）找出活塞环翻转的原因，如缸套磨损严重、活塞小、润滑不良等，并排除或更换活塞环
2	锤头不能自由活动	1）冷凝水过多，气路不通畅和阻碍滑阀正常运动 2）进气压力不足 3）截气阀调整位置不当，使进气量不足 4）气缸中心线与两导轨中心线不重合 5）锤杆与盘根铜套间隙小 6）锤头与导轨的间隙过小，或是下大上小造成夹锤头	1）开启排水阀轻踏脚踏板，强行使锤头摆动，待气缸温度升高后，冷凝水即可消失 2）按要求升高进气压力 3）调整截气阀 4）调整导轨或气缸底板与立柱间垫板，使两中心线重合 5）调整间隙，修理铜套内孔

续表

序号	常见故障	产生原因	排除措施
2	锤头不能自由活动	7）盘根法兰歪斜或盘根压得过紧 8）活塞与气缸套间隙小 9）活塞环在活塞凹槽中的间隙太小 10）活塞环断裂，起不到密封作用 11）滑阀上下位置装反 12）滑阀与阀套相关尺寸不当 13）滑阀与阀套的间隙过大 14）滑阀与锤头运动距离的比值 m 过小 15）松开脚踏板后，踏板抬起缓慢，使锤头上升缓慢，以致不能摆动 ①踏板复位弹簧太松 ②截气阀与阀套间隙太小或阀的滚动轴承损坏 ③月牙板与平衡杆导槽间隙小，阻碍月牙板的自由活动 ④滑阀杆上的密封过紧 ⑤滑阀与阀套的间隙过小	6）调整至适当间隙 7）调整盘根螺母，调整法兰或使盘根松紧适宜 8）车削活塞至合适尺寸 9）加大活塞凹槽的尺寸 10）更换活塞环 11）应予更正 12）改正不当尺寸 13）更换新阀 14）减小 L' 值或减小月牙板的曲率半径（L' 表示月牙板支点到月牙板与锤头斜面接触点之间的距离，下同） 15）消除阻碍脚踏板抬起的有关因素 ①将复位弹簧收紧 ②车削截气阀或更换轴承 ③加大平衡杆导槽尺寸 ④调整密封松紧程度 ⑤车削滑阀至合适尺寸
3	锤头摆动行程过大	1）m 值过大 2）滑阀与阀套相关尺寸不当 3）进气压力过大 4）滑阀拉簧太松或折断（5 t 以下锻锤） 5）进气量太大 6）与摆动有关的操纵机构各铰接点的间隙过大 7）活塞上下串气（向下摆动时撞击模具） ①活塞太小 ②气缸套磨损严重 ③活塞环损坏或卡在活塞槽内，起不到密封作用	1）增大 L' 值或增大月牙板的曲率半径 2）改正不当尺寸 3）适当减小进气压力 4）调紧或更换拉簧 5）调整截气阀，使进气量减少 6）更换销轴、轴套或轴承 7）消除串气 ①加大活塞至合适尺寸 ②更换气缸套 ③更换活塞环和修理活塞槽

续表

序号	常见故障	产生原因	排除措施
4	锤击无力	1）锤头不能自由摆动 2）进气压力低 3）踏板位置太低，得不到足够的压下量 4）平衡杆偏离水平位置太多 5）截气阀位置不适，当踩下脚踏板时进气量反而减小 6）截气阀杆与拉杆铰接过松 7）截气阀杆与阀的连接销折断 8）活塞上、下串气 ①活塞太小 ②气缸套磨损严重 ③活塞环损坏或卡在活塞槽内，起不到密封作用 9）滑阀与阀套间隙太大 10）进排气不通畅	1）按前述方法排除不摆动的故障 2）按要求提高进气压力 3）抬高踏板至水平位置或高于水平位置10°位置 4）调整平衡杆至水平位置 5）调整截气阀位置 6）消除间隙 7）更换连接销 8）消除串气 ①加大活塞至合适尺寸 ②更换气缸套 ③更换活塞环和修理活塞槽 9）更换滑阀 10）查明原因，畅通气路
5	连击和突然击打	1）踏板复位弹簧太松 2）滑阀拉簧太松或裂断 3）操纵机构与锤头摆动有关各铰接点的间隙过大或不灵活 4）月牙板碰立柱 5）月牙板轴承损坏或缺少润滑油 6）平衡杆轴承损坏或缺少润滑油 7）滑阀拉杆调整螺母螺纹损坏，有时会产生突然击打 8）截气阀轴承损坏或密封盘根过紧，阻碍阀杆转动 9）滑阀密封过紧或铜套内孔小，阻碍阀杆上下的正常运动	1）调整弹簧 2）调紧或更换拉簧 3）修理各有关铰接点 4）查明碰立柱的原因并消除 5）更换轴承或加油 6）更换轴承或加油 7）更换调整螺母 8）更换轴承或适当放松盘根 9）适当放松密封或修理铜套内孔

续表

序号	常见故障	产生原因	排除措施
6	踏板沉重	1）气缸内有凝结水或新气含水过多 2）操纵机构销轴和接头配合过紧 3）滑阀与阀套间隙过小 4）滑阀盘根压得过紧 5）截气阀中心与法兰盖孔中心不重合，造成摩擦阻力过大 6）踏板弹簧和滑阀弹簧过紧 7）操纵机构各关节不灵活或缺油 8）截气阀压盖不正，致使阀杆不能转动 9）踏板长轴两端轴套磨损，致使中心不正，或是轴承损坏 10）杂物（如活塞环碎段）卡滑阀	1）将排水小阀门打开，并踩动踏板强行使锤头排出凝结水 2）修理配销轴的间隙 3）按要求修配间隙 4）松动盘根压盖，使阀自由运动 5）修正中心差 6）调整弹簧 7）加强润滑 8）调整压盖，使间隙均匀 9）更换轴套或轴承 10）取出杂物并用蒸汽吹净
7	锤杆经常折断	1）气缸底部支撑底盖孔、锤头、立柱、导轨等不同心 2）锤杆材料差，机械加工精度低，热处理有问题或表面强度低 3）锤工作之前，锤杆预热温度不够 4）导轨与锤头间隙大 5）模具设计有问题，终锻模膛或受力较大的预锻模膛距锤头中心太远，使工作时偏击过大 6）锻造锤杆毛坯时内部有裂纹 7）设备精度低（砧座倾斜，立柱一高一低等） 8）模具厚度不均，上下模分模面不平行 9）冷击过多、过重	1）调整或加工，使各部分同心 2）使用较好材料，提高加工精度，采用先进的热处理方法和表面强化处理 3）锤杆预热到150℃左右方能工作，尤其在寒冷季节更应注意 4）调整间隙 5）改正模具设计 6）锻造锤杆毛坯时采用圆弧形上下砧模（摔子）进行碾光，不可使用V形砧模（摔子），以免发生裂纹 7）恢复设备精度 8）修整锻模 9）尽量避免冷击

续表

序号	常见故障	产生原因	排除措施
8	活塞脱落	1）锤杆和活塞孔加工误差大，锥度配合不当 2）活塞热装时因温度过高，活塞孔产生氧化皮 3）热装活塞时，锤杆超出活塞端一段尺寸，锤杆行程过大时，会将活塞冲掉 4）突击过重 5）活塞撞击缸底（如模具高度小，锤头锥孔内铜皮衬套过薄，立柱上下垫过厚，锤杆短等）	1）机械加工后，活塞孔和锤杆应进行研配，改用直孔配合效果好 2）加热温度应为450~550℃，装配时应擦净配合面 3）将凸出的一段车削平整 4）禁止空锤重击 5）查明原因并消除
9	气缸内有异响	1）气缸与气缸底盖加工误差大，中心不重合 2）两导轨中心线与气缸底盖中心不同心，锤头运动时活塞摩擦气缸壁一侧 3）润滑不良，活塞环刮磨缸套 4）气缸进气道在铸造时未清理干净，工作时杂物振落吹入缸内 5）气缸套过短而且松动，工作时上、下窜动	1）将底盖法兰凸缘处堆焊后加工，使中心重合 2）查明原因，调整至同心 3）加强气缸内润滑 4）清理杂物，用蒸汽吹净 5）换套并固紧
10	锤身倾斜	1）砧座与立柱之间的橡胶垫磨损 2）砧座与立柱之间进入氧化皮或其他异物 3）砧座上平面与立柱下平面磨损或盐水锈蚀 4）基础下沉，枕木朽坏 5）两层砧座之间进入沙粒	1）更换橡胶垫 2）消除氧化皮或其他异物 3）修磨砧座与立柱，必要时重新加工有关的平面或磨损严重的零件 4）检查下沉原因，更换枕木 5）吊起上砧座，清洗砧座间的沙粒，重新铺设防潮层

二、普通锻造辅助设备

1. 切边压力机

切边压力机用于热态或冷态下切除模锻件的飞边，冲去连皮以及模锻件的校正。切边压力机与模锻设备配合使用，其吨位配合关系见表3—7。

表3—7　　　　　　　切边压力机与模锻锤吨位的配合关系

模锻锤落下部分重力/kN	10	16~31.5	40~63	63~100	100~125	125~160
切边压力机公称压力/MN	1.6	2.5	4	6.3	10	16

（1）切边压力机的结构

切边压力机如图3—21所示。它的操作方法是通过电钮或脚踏开关控制电器—压踏空气系统来实现的，可进行点动、调整、单次行程和连续行程。

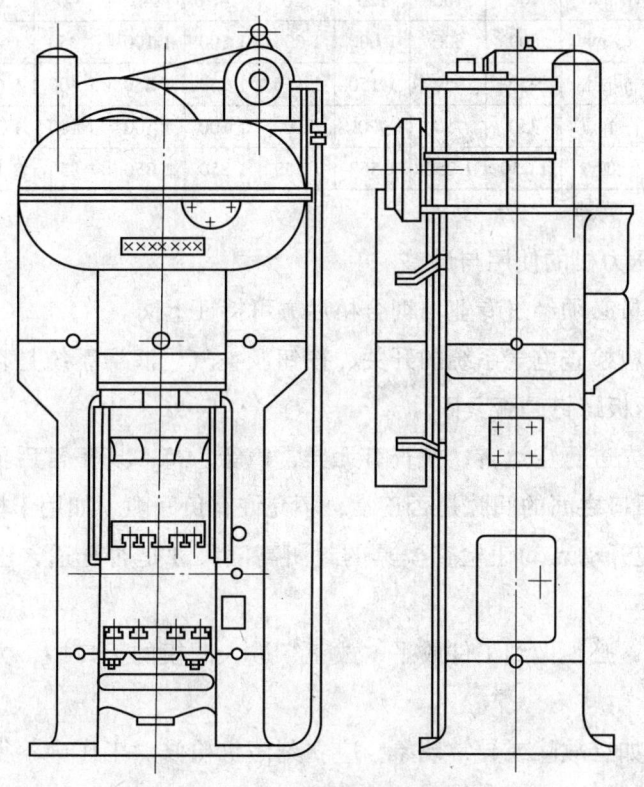

图3—21　切边压力机外观图

（2）切边压力机的特点

切边压力机是由电动机经减速后利用曲轴—连杆机构或偏心齿轮—连杆机构使滑块向下进行工作。有的切边压力机利用曲轴的一端作为曲拐轴又附有侧滑块进行工作。切边压力机属于曲柄类机械设备。它的特点是生产率高、速度快、振动较小、模具寿命较长，但制造大压力的切边压力机成本较高。按结构形式可分为开式和闭式（单点、双点）切边压力机两种。其构造主要由床身、传动部分、曲柄—连杆机构、离合器、平衡器和控制系统等组成。切边压力机的技术规格见表 3—8。

表 3—8　　闭式单、双点切边压力机的基本参数

公称压力 P_g/kN		1 600	2 000	2 500	3 150	4 000	5 000	6 300	8 000	10 000	12 500
公称压力行程 S_p/ mm		12	12	14	14	16	16	16	18	18	20
滑块行程 S/ mm		200	200	250	315	315	315	400	400	400	500
滑块行程次数 n/(次/ mm)		45	45	40	40	35	35	28	28	20	20
最大装模高度 h_1/mm		410	410	540	540	620	620	620	700	700	880
装模高度调节量 Δh_1/mm		100	100	120	120	140	140	140	160	160	180
滑块底面前后尺寸 b_1/ mm		800	800	1 000	1 000	1 100	1 100	1 250	1 450	1 450	1 700
工作台板前后尺寸 b/mm		950	950	1 150	1 150	1 250	1 250	1 400	1 600	1 600	1 850
工作台板左右尺寸（≥）/mm	单点	750	750	900	900	1 100	1 100	1 300	1 300	1 500	
	双点	1 250	1 250	1 550	1 550	1 850	1 850	1 850	2 150	2 150	2 500

（3）切边压力机的使用与调整

1）操作人员必须经过专业培训合格后方可持证上岗。

2）开动前应检查电气系统的开关、按钮及空气、润滑系统是否正常，加油润滑，检查模具压板螺钉是否紧固。

3）开动前先进行空运转，检查有无异常声音。待一切正常后再开动，检查切边上模与下模刃口之间的间隙是否正常，不允许有负间隙。如用于校直或热态平面精压工序，则应开动点动钮检查模具的封闭高度尺寸是否合适，正常后方可正式工作。

4）切边时，必须做到工件放平、放正、进入凹模的刃口中，方可按电钮或脚踏开关。

5）工作中如有故障或异常现象，应立刻停机检修。工作中不得让氧化皮粘上导轨。

6）工作结束，要让滑块停在下死点，或稍微超过下死点而往上行程开始的位置。

7）停机后关掉压缩空气管路、电气开关，清扫场地，做好交接班工作。

（4）切边压力机的维护

1）经常检查离合器和制动器联锁安全可靠性，易损坏的零件应定期更换。

2）经常检查润滑的油路系统是否畅通和泄漏，如有问题，立即检修。

3）经常检查电气线路，及时更换破损电线、老化元件。

4）定期擦洗设备，清扫环境，保持设备完好状态。

5）定期进行设备的中修、大修，加强设备的安全检查。

（5）切边压力机的常见故障及其排除措施

切边压力机的常见故障及其排除措施见表3—9。

表3—9　　　　　　　　切边压力机的常见故障及排除措施

序号	常见故障	产生原因	排除措施
1	离合器结合不紧，滑块不动或动得缓慢	1）气压太小 2）摩擦块磨损过多，间隙过大 3）空气分配阀漏气或离合器内的密封圈漏气 4）摩擦块的支撑垫板变形、挠曲，影响摩擦块的运动	1）检查气压使其达到规定的压力 2）更换摩擦块，调整间隙 3）更换密封圈，修理空气分配阀 4）拆卸离合器，校正、修复变形的支撑垫板
2	刹车失灵，产生连车现象或滑块下滑距离过长	1）刹车部分摩擦片间隙过大 2）刹车部分的调节螺钉松动，弹簧力不够 3）空气分配阀失灵	1）重新调整间隙 2）重新调整刹车部分或更换弹簧 3）修理空气分配阀
3	摩擦块发热冒烟	1）摩擦块间隙太小 2）摩擦块的支撑垫板变形、挠曲，卡死摩擦块 3）每分钟结合次数超过规定	1）重新调整间隙 2）拆卸离合器，校正、修复变形的零件并更换摩擦块 3）按技术文件规定使用设备
4	按启动按钮，飞轮不转动	1）飞轮轴承损坏 2）摩擦块之间有碎块卡住，电动机启动断电 3）电器出故障	1）更换轴承 2）检修离合器 3）检查电动机接线是否有脱落或检查接触器
5	空气分配阀失灵	1）阀芯卡死或密封漏气 2）电磁阀阀杆打堆 3）阀中有异物，或压缩空气中水分太多，致使阀不灵活	1）清洗空气分配阀，更换密封圈 2）更换阀杆 3）清洗分配阀，检查滤清器，加强润滑
6	滑块向下运动摆动太大，切坏模具	导轨间隙太大	重新调整导轨间隙

续表

序号	常见故障	产生原因	排除措施
7	调节闭合高度时，滑块调不动	1）调节螺杆与连杆咬住 2）球头间隙太大，球头与球座粘住 3）平衡缸气压过高或过低 4）导轨间隙太小	1）修理螺纹或加油润滑 2）加大间隙，清洗，加油 3）调整气压 4）重新调整间隙
8	滑块在下止点被顶住	封闭高度调节不当或超负荷	开动电动机反转，达到正常回转速度时，关闭电动机，靠飞轮惯性，人工控制气阀使离合器结合，将滑块从卡死状态退出
9	滑块在工作过程中其闭合高度自动改变	1）锁紧机构未锁紧 2）平衡缸漏气	1）重新调整锁紧机构 2）更换密封圈

2. 切边液压机

切边液压机和切边压力机一样，都是用于切边工序，它是利用液体（油）产生动力，使滑块做向下运动进行工作的。

（1）切边液压机的结构

该设备主要由本体部分、液压管道部分、操纵系统和泵房等组成。对 20MN 以上的切边液压机，为了装卸模具和生产方便，还安装了移动工作台。其结构形式主要是三梁四柱框架结构，如图 3—22 所示。切边液压机的主要技术参数见表 3—10。

（2）切边液压机的特点

1）切边液压机制造成本较低，工作行程较大，速度较低，生产的安全可靠性较好，维修量较小。

2）切边液压机由于采用液压系统，工作平稳，噪声小。

3）切边液压机的工作行程、工作台面以及操作空间均比切边压力机的大。

（3）切边液压机的使用与调整

切边液压机一般是与蒸汽—空气模锻锤配套，组成模锻造生产线。切边液压机常用的工作介质是 N32 液压油。

切边液压机的操作方法是通过操纵台的按钮，控制液压系统的换向阀而实现的。根据实际的生产需要，可实现点动调整、单次行程和自动行程。

（4）切边液压机的维护

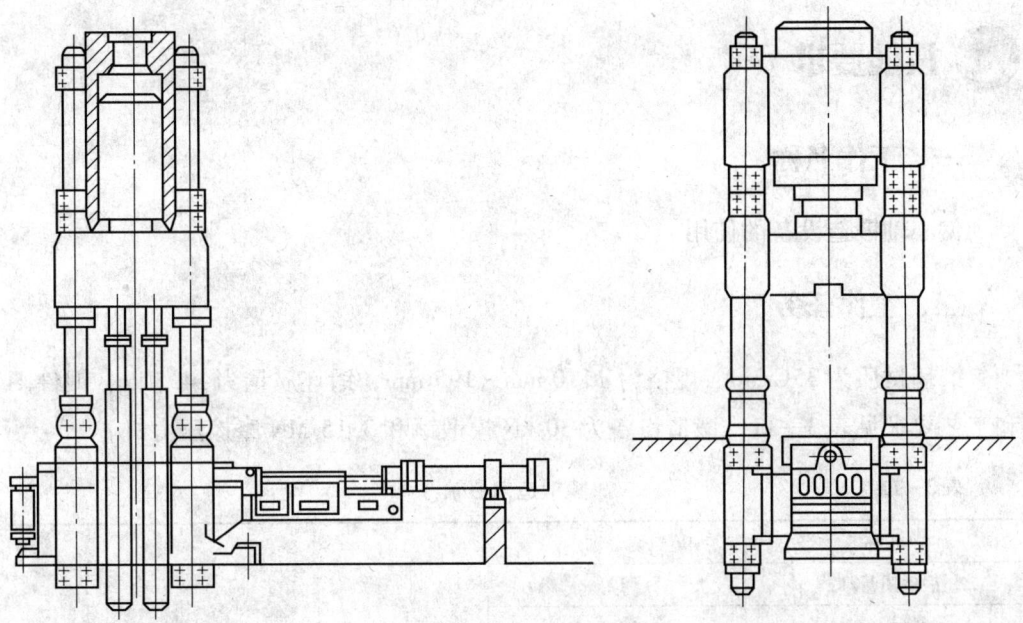

图3—22 切边液压机

表3—10　　　　　　　　切边液压机的主要技术参数

公称压力 P/kN		10 000	20 000	31 500	50 000	80 000
活动横梁最大行程 S/mm		800	900	1 000	1 250	1 600
最大净空距 h/mm		1 600	1 800	2 200	2 700	3 000
工作台尺寸	B/mm	1 400	1 600	2 000	2 500	3 000
	L/mm	1 800	2 500	3 000	4 000	5 000
回程缸压力 P_H/kN		1 000	2 000	3 200	5 000	8 000
空行程速度 V/(mm/s)		200	150	150	150	150
工作行程速度 V_1/(mm/s)		≥15	≥10	≥10	≥10	≥10
回程速度 V_2/(mm/s)		150	100	100	100	100

对切边液压机的使用、维护和保养主要有如下五点：

1）液压系统管路通畅，无泄漏。

2）液压系统各控制阀换向准确无误，灵活可靠。

3）液压安全保护装置使用可靠。

4）对于以油为工作介质的液压机，还需配置完善的消防措施，以防止火灾发生。

5）应加强预检、预修工作。保证设备的良好工作状态和工作环境，并经常打扫设备周围的环境卫生，下班前擦洗设备，做好交接班记录。

 **技能要求**

一、工作名称

偏心轴锻造设备的使用。

二、工作任务

锻坯材质为35CrMo，规格为ϕ110 mm×195 mm，锻坯质量为14.5 kg，锻件图和工艺要求见表3—11，锻造设备为30 kN模锻锤和3.15 MN摩擦压力机。

表3—11　　　　　　　　　模锻造偏心轴

名称	偏心轴
锻件质量/kg	12
材料质量/kg	14.5
钢号	35CrMo
材料规格/mm	$\phi110 \times 195^{+3}_{-1}$

技术要求：
(1) 允许残留毛刺不大于1 mm
(2) 锻件错差不大于1 mm
(3) 锻件表面缺陷（含氧化皮）深度不大于1 mm
(4) 锻后坑冷

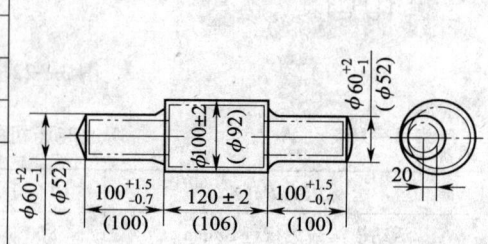

三、工作过程

1. 识读模锻造工艺

从偏心轴的锻件图可以看出，该件为中间粗、两头细的轴类锻件，杆部与中间部分存在偏心。其尺寸精度为普通级别要求，技术要求不高，在30 kN模锻锤上用普通模具进行模锻造。其模锻造工艺为：

(1) 首先将圆棒料用锯下料，锯成$\phi110 \times 195^{+3}_{-1}$毛坯。

(2) 用加热炉将毛坯加热到1 150℃。

(3) 经制坯、模锻成形，模锻设备为30 kN模锻锤。

(4) 热切边，切边设备为3.15 MN摩擦压力机。

(5) 切边后锻件弯曲度如超过允许值，则可放到终锻模模膛内校直；反之，可以不加校直工序。

（6）热处理、清理、检验、入库。

2. 模锻设备的使用状态判断

模锻锤在试车之前，要进行检查，以判断其使用状态是否正常。其检查工作如下：

检查各部位连接部分是否紧固可靠；通过模具上的检验角检查上、下模合模后是否对正，是否平齐；检查锤杆、模具有无裂纹等隐患；将各润滑部分按要求润滑；检查操作系统是否轻便灵活。然后启动设备，轻打几下，再重新检查模具是否松动，是否出现裂纹，并通过检验角进行校正。

3. 模锻设备的操作

（1）3 t 模锻锤的操作

模锻采用的设备是 3 t 模锻锤，锻造温度控制在 850～1 150℃，其操作方法及要点包括：

1）安装和调整好锻模。

2）将加热好的坯料在拔长台上拔长两端后，放入成形槽内成形为偏心锻坯。

3）放入终锻模膛终锻。先轻击一两锤，撬起锻件吹尽模膛内的氧化皮后重击，使金属充满模膛。

4）注意锻件外观质量（如错差、未充满、裂纹等）。

5）锻件切边后进行校正，返回 3 t 模锻锤，用终锻模膛进行校正，校正温度应大于 700℃。

（2）3.15 MN 摩擦压力机的操作

切边采用的设备是 3.15 MN 摩擦压力机，切边温度应大于 750℃，其操作方法及要点包括：

1）安装和调整好切边模，使冲头和凹模之间的间隙均匀；如有压伤、切伤锻件及超出规定的残余毛刺时，应及时修好切边模。

2）将带飞边的锻件放入切边凹模上平整，然后进行切边。

四、注意事项

设备操作不灵活或连击不易控制时，需维修后再进行工作。如发现锤杆、锤头、锻模和其他主要零件有裂纹时，应立即停止使用。

学习单元 3　常用模锻模具和工具

 学习目标

➢掌握常用工具和模具的构造、使用及维护知识
➢能选择常用模锻工具和模具

 知识要求

一、锤用锻模

锻模的结构对模具的使用与寿命有很大影响。在锻模上，各种类型的模膛间要有一定距离，分布在模块边缘的模膛应使模壁有一定的厚度，并要有一定的承压面积，这样才能保证模具有足够的强度，使其在锤击过程中模膛不易坍塌和破坏。

锻模的外形如图 3—23 所示，其各部分的作用分述如下：

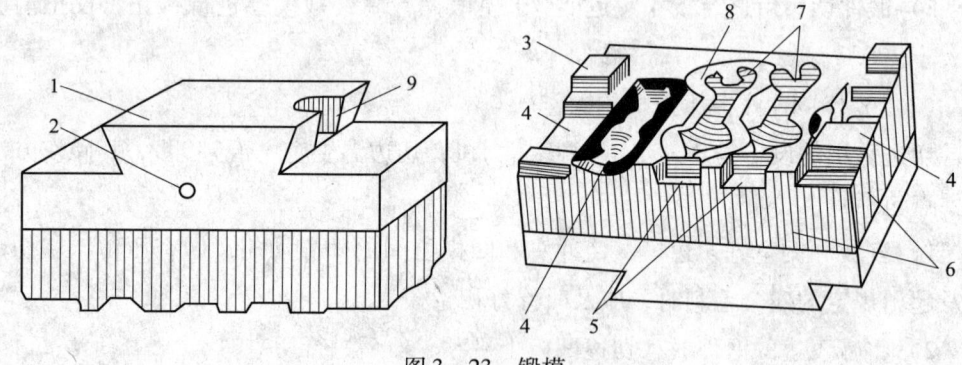

图 3—23　锻模
1—燕尾　2—起重孔　3—锁扣　4—制坯模膛　5—钳口
6—检验角　7—锻模模膛　8—飞边槽　9—键槽

1. 燕尾

锻模的燕尾结构如图 3—23 的件 1 所示，燕尾和斜楔配合（见图 3—24）可使锻模固定在模座或锤头上，防止锻模脱出和左右移动。

2. 键槽

锻模的键槽结构如图 3—23 的件 9 所示，键槽和键配合（见图 3—25）可以起定位作用，防止锻模前后移动。

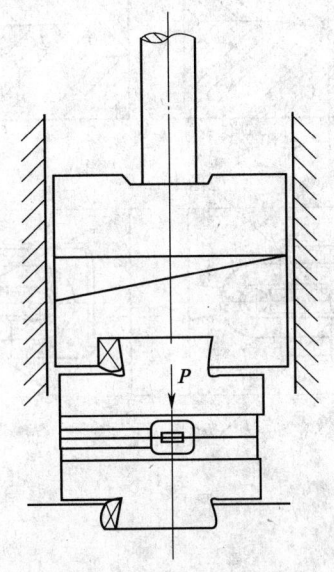

图 3—24 燕尾槽配合

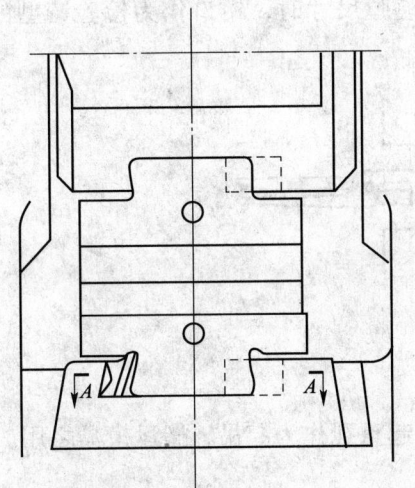 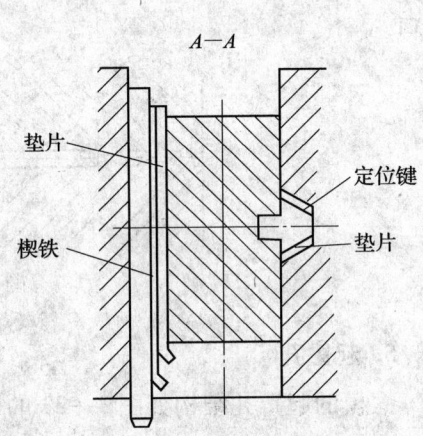

图 3—25 键与键槽配合

3. 锁扣

锻模的锁扣结构如图 3—23 的件 3 所示，锁扣的作用是防止在锤击时上下模产生错移。锁扣的下模上有一凸起部分，上模相应的地方有一凹入部分，如图 3—26 所示。

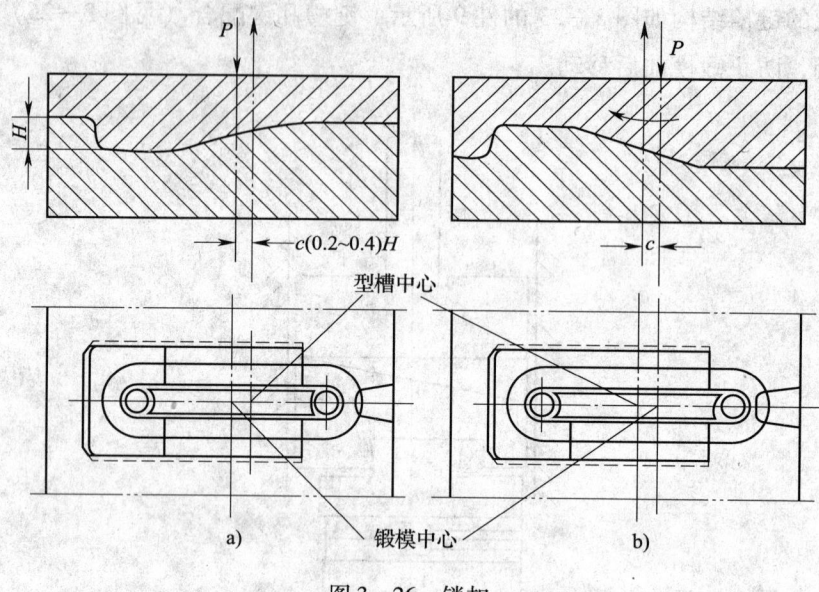

图3—26 锁扣

4. 钳口

锻模的钳口结构如图3—23的件5所示,钳口是供放置钳子夹持坯料用的(见图3—27),也方便锻件从模膛中取出。在检验模膛尺寸时,钳口作为检验铸型的浇口。

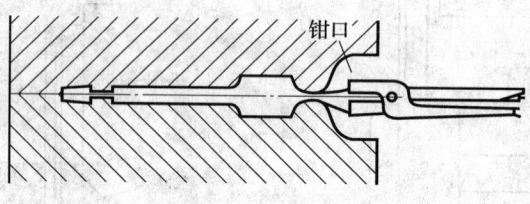

图3—27 钳口

5. 起重孔

锻模的起重孔结构如图3—23的件2所示,起重孔作为起吊、搬运模具之用。

6. 检验角

锻模的检验角结构如图3—23的件6所示,锻模的四个侧面中有两个互相垂直的侧面,对垂直度要求比较高,这两个侧面就构成了检验角,如图3—28所示。在制造模具时,检验角是模一槽划线加工的基准面;在安装和调整没有锁扣的锻模时,它是检验上下模有无错移的基准面。

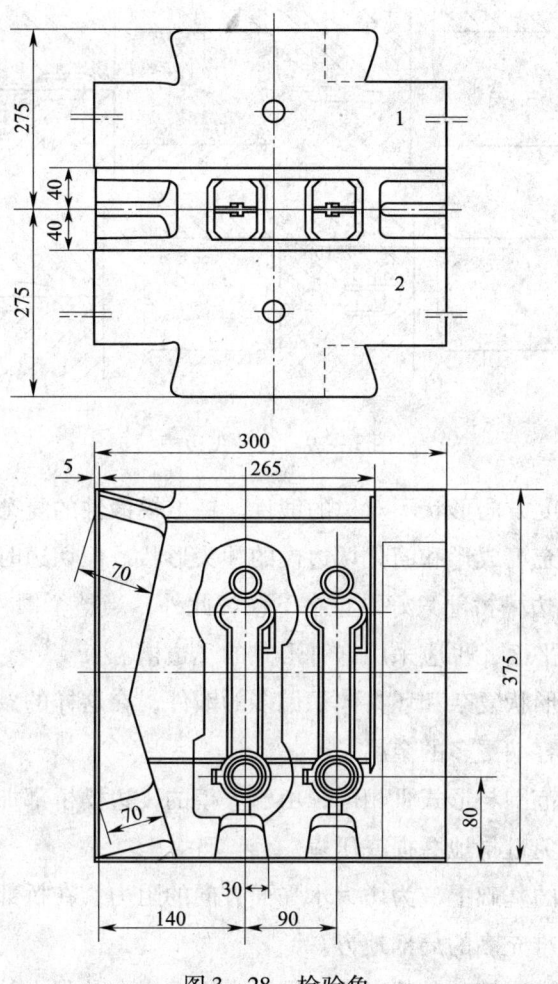

图3—28 检验角

7. 飞边槽

锻模的飞边槽结构如图3—23的件8所示,飞边槽的形状尺寸与锻件的形状尺寸有关,甚至与终锻前坯料的体积及形状也有关系。合适的飞边槽形状及尺寸,既能保证锻件充满成形和能容纳多余金属,又能使锻模有较长的工作寿命。目前,锻件常用的飞边槽形式有如图3—29所示的六种。

飞边槽结构形式除楔形飞边槽外,都是由桥部和仓部组成。为了在飞边槽内产生足够大的径向阻力,并容纳下所有的多余金属,以及便于切除毛边,应使飞边槽的桥部高度小些,宽度大些,并使仓部的高度和宽度都适当。

飞边槽形式Ⅰ是最广泛使用的一种,其优点是桥部没设置在上模块,因而受热小,不易磨损或压塌。

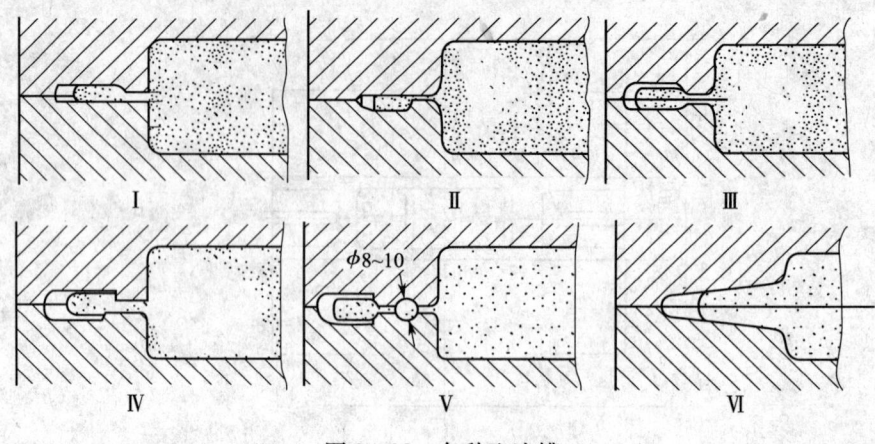

图3—29 各种飞边槽

形式Ⅱ用于高度方向形状不对称的锻件。锤上模锻件的复杂形状部分设置在上模,其目的是便于充填成形和简化切边模的冲头形状。但切边时要求锻件出模后翻转180°,为此,飞边槽桥部只好设置在下模。此外,当整个锻件全靠下模成形时,简化上模而加工成平面,也应采用这种形式的飞边槽。

形式Ⅲ适用于形状复杂和坯料体积偏多的锻件,在这样的条件下,不得不增大仓部的容积,以便容纳更多的金属。

形式Ⅳ的使用范围与形式Ⅲ相同,由于下模的飞边槽桥部加宽,因而其强度得以提高,有利于避免过早地磨损或压塌。

形式Ⅴ是在Ⅳ的基础上,为增大水平面方向的阻力,在桥部增设了阻力沟。这种形式一般只用于难充满的局部地方。

形式Ⅵ是楔形飞边槽,其特点是终锻时水平面方向的阻力越来越大,因而适用于形状更为复杂的锻件。其缺点主要在于切除飞边较为困难。

以上各种形式飞边槽的主要尺寸是桥部高度 h、宽度 b、入口圆角半径 r。如果 h 太小或 b 太大,会产生过大的水平面方向的阻力,导致锻不足,并使锻模过早磨损或压塌;如果 h 太大或 b 太小,出现的情况将是模膛不易充满,产生大的毛边,同时,由于桥部强度差而易压塌变形。入口因圆角半径 r 太小,容易压塌内陷,影响锻件出模;如果 r 太大,则影响切边质量。

二、模锻造工具

1. 钳子

(1) 钳子的选择

钳子是用来夹持、翻转、运送坯料和锻件的工具。在模锻中所使用的钳子是锻模具设计时就确定了的,因此模锻工使用的钳子都是模具配套的钳子,或选择能适合锻模的钳口的钳子(见图3—27)。钳子的结构形式很多,锤锻用操作钳子的结构见第2章自由锻造部分。

(2) 钳子的使用及维护保养

1) 模锻工一定要根据坯料直径与锻模钳口相适应来选择合适的钳子。

2) 经常检查钳子、链条,对磨损严重的应进行修复,有裂纹的必须更换。

3) 不能超负荷或超范围使用钳子。

4) 对不用的钳子应摆放在指定位置,避免被重物堆压而变形。

2. 键与楔铁

键是锤锻模安装的定位工具,键与键槽的连接如图3—25所示,上下模的键块分别打入上下模键槽内,以防止锻模前后移动,键的结构如图3—30所示,其尺寸参数 l、l_1、h、k、f 应根据设备与锻模相关尺寸而定。

楔铁是锻锤模安装的紧固工具,如图3—31所示。燕尾形模具与砧子等工具都用楔铁紧固。楔铁紧固可靠,装拆模具方便,应用广泛。楔铁两端细而硬度高,中间粗而硬度低,楔铁的斜度都相同,通常为1:100,即0°35′,而宽度、长度各不相同。

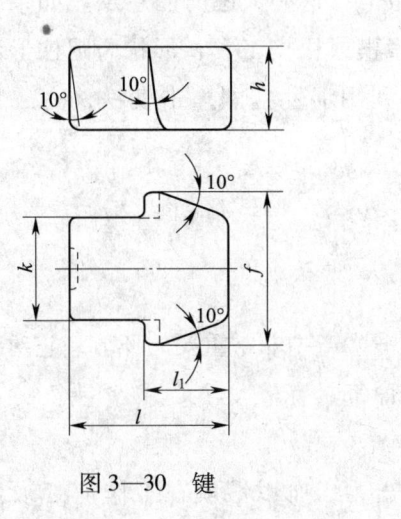

图3—30 键

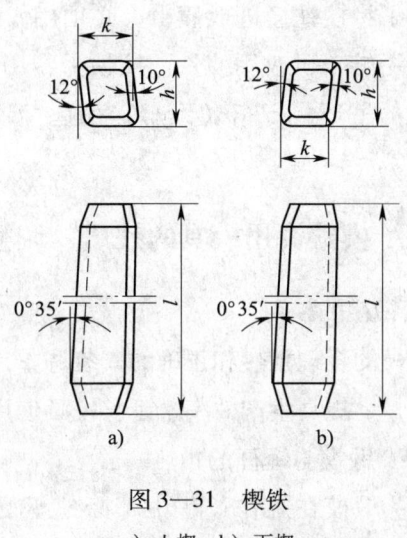

图3—31 楔铁
a) 上楔 b) 下楔

3. 撬棒

撬棒用来撬起锻模和移动锻模。头部较尖,具有一定刚度,操作方便。

4. 压板、压板螺钉及垫圈

压板、压板螺钉及垫圈均为紧固非燕尾形锻模、切边模、冲孔模、校直模的工具,压板与压板螺钉如图3—32a、b所示,压板螺钉安装在工作台面的T形槽内,再用长扳手拧紧螺母即可,其安装方式如图3—32c所示。

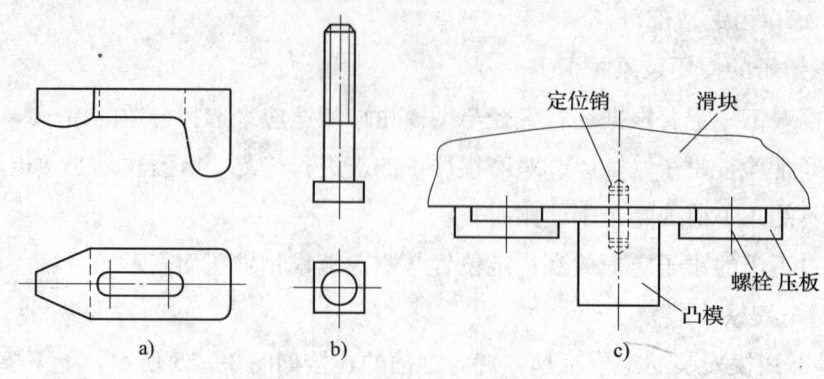

图3—32 压板与压板螺钉
a) 压板 b) 压板螺钉 c) 压板配合

5. 垫片

在模锻造时,为了调整模具的错模量,可用薄钢片做成垫片,垫片的厚度分成几档,根据需要选用。

6. 大锤及撞铁

为了将楔铁撞进或撞出,必须用大锤敲击,这种大锤前已述及。如果因大锤撞击力不够,可改用撞铁。撞铁为专用的紧楔或松楔工具,形状为圆柱形,中间有固定的吊环,行车(天车)吊起撞铁,利用惯性猛烈撞击楔铁,完成紧楔或松楔。

三、模锻锤用模具的使用、调整和维护

1. 锻模的使用

锻模的合理预热和正确的安装调整是模锻生产中非常重要的环节,它对于保证锻件质量、提高生产效率、延长模具使用寿命都具有重大意义。

(1) 锻模与锤杆的预热

因为锻模在工作过程中不断地承受冲击力,所以锻模在工作前必须预热到150~250℃。如果锻模不经预热,会因温度差引起较大的应力,在锤击过程中易于造成锻模破裂;另外,经过预热后的锻模其模腔温度较高,因而所加工坯料在模腔中散热就少一些,有利于金属更好地充满模腔。预热时,对于小型锻模可将烧红的烤铁放在上下模之间,为了避免红铁与模具表面直接接触,可用圆钢或铁板隔开;在有天然气或煤气的车间,可用简便的预热器预热;也有用工频感应器预热的。不

论哪一种预热方法都必须保证模具热透,避免模具因预热温度不够或者不均匀而在锻造中破裂。为此,有的工厂将大型模具放入台车式加热炉中预热,热透后再装模锻打。

(2) 锻锤的安装步骤

上、下模借助于燕尾、斜楔、键槽和键块紧固在锤头和模座的燕尾槽内,如图3—33 和图 3—34 所示。其安装步骤如下:

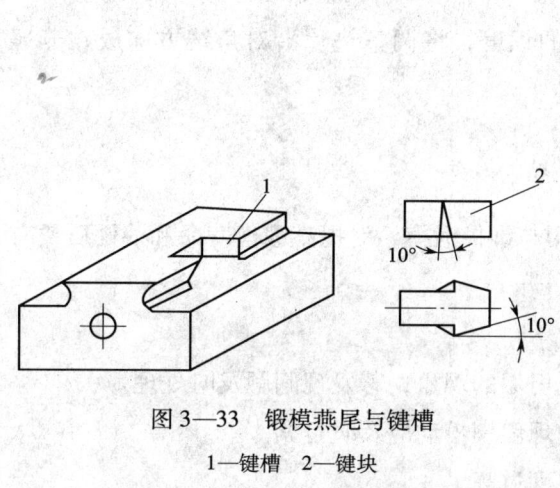

图 3—33 锻模燕尾与键槽
1—键槽 2—键块

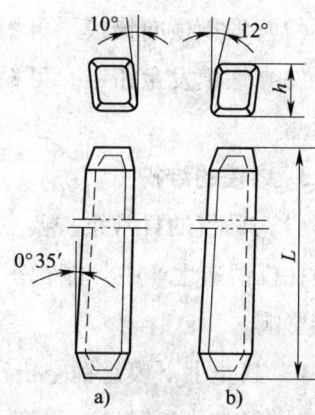

图 3—34 固定锻模用的斜楔
a) 上斜楔 b) 下斜楔

1) 模锻工按模锻造工艺规程上所指示的锻模编号,把已准备好的锻模吊运到锻锤旁。

2) 将锻模上下两块翻开,使其燕尾部分朝上。然后把上下模的键块分别打入上下模键槽内,如图 3—35 所示。必要时可在键块和键槽之间垫 1~2 mm 厚的垫片。键块打得越紧固,锻模在工作时就越不容易松动。

3) 提起锤头,将锻模合起来,对齐检验角,吊至锤头和模座之间,移动下模,使其已紧固好的键块大头进入模座键槽中,再用

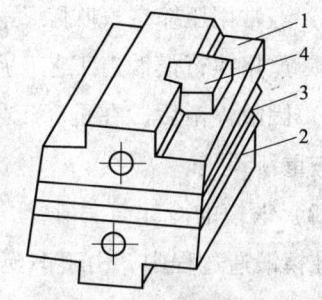

图 3—35 锻模安装示意图
1—上模 2—下模 3—检验角 4—键块

下斜楔固定下模。将锤头慢慢下落,使上模燕尾部分与锤头燕尾槽对准,上模键块进入锤头键槽中,用上斜楔将上模紧固好。工厂里一般都用撞锤撞击斜模使之紧固,以防工作时锻模松动。

4) 上下模紧固完毕后要开动锻锤,轻轻锤击一两次,仔细观察上下模检验角

是否对齐。最好先锻一个试件检查模具是否错模，若发现错模应仔细判断错模的方向，再进行调整。

2. 锻模错模的调整

没有设置锁扣的锻模在安装时经常发生错模。错模的形式及消除方法有以下三种：

（1）锻模纵向错模。可根据错模量的大小，重新调整键块前后两侧的垫片。

（2）锻模横向错模。可根据错模量的大小，重新调整紧固锤身的大楔铁。

（3）锻模发生扭错。可根据扭错的程度，将调整垫片沿对角线方向放在燕尾槽两侧。

3. 锻模的维护

（1）锻模的日常维护要点

在模锻造生产中，能否正确地使用与维护锻模，对提高锻模寿命和锻件质量有直接影响。

1）禁止上下模重锤空击。

2）经常检查锻模模膛有无裂纹或坍塌的现象，若发现问题及时处理。

3）经常检查锻模紧固情况，若发现斜楔松动应及时打紧。

4）经常注意冷却锻模，防止其温度过高。

5）注意锻模的润滑，特别是锻造铝合金、钛合金、铜合金时更要注意润滑锻模。

6）经常用压缩空气吹除氧化皮，以保证锻件表面质量。

7）严格执行模锻造工艺，严禁在低于终锻温度时继续锻造。

8）因故停锤后，在重新工作时应检查锻模和锤杆温度，如达不到150～250℃时，应重新预热。

（2）锻模的冷却与润滑

在模锻造过程中，由于锻模长时间接触高温锻件，致使锻模温度不断升高，如不及时冷却模膛而继续锻打，就会出现模膛坍塌现象，影响锻模使用寿命和锻件质量，所以在模锻造过程中必须及时冷却锻模。

最常见的冷却介质是压缩空气、盐水的饱和溶液或拌以少量食盐水的锯末，其目的都是使模具工作时温度不致太高（一般不得超过350℃），否则就会降低锻模工作表面的硬度，造成局部坍塌，严重影响模具寿命和锻件质量。

盐水冷却锻模既经济又简单。它在冷却过程内一方面使模膛温度下降，保证模膛不坍塌，延长模具使用寿命；另一方面，由于模膛温度很高，使盐水立即蒸发、结晶出食盐颗粒附着在模膛表面上，形成一层薄膜，间接起到润滑作用，使锻件表面质量好，并容易出模。

大型模锻锤（10 t 或 16 t）在操作中多采用拌有食盐水的锯末放在模膛中冷却锻模，由于盐水的急剧蒸发和锯末的瞬间燃烧产生较强的气流，可以使锻件表面的氧化皮崩裂，使锻件表面光滑、轮廓清晰。

在冷却锻模的同时还要注意锻模的润滑。正确的润滑可以保证模膛较好的表面粗糙度；改善金属流动条件，以利锻件更好地充满模膛；同时使成形后的锻件更容易脱模。

在模锻造有色金属时，必须将润滑剂均匀地涂在模膛的工作表面上，有时也均匀地涂在毛坯上，涂抹不均会造成锻件充不满模膛等缺陷。

常用的润滑剂和冷却剂可参见有关手册。

(3) 锻模的损坏形式

1) 裂纹。锻模在反复受热和冷却的条件下工作，使模具表层产生复杂的热应力，从而产生细小的网状裂纹（龟裂），在热应力和机械应力的共同作用下，在锻模受力较大的部位，尤其是在尖角、沟槽部位，可能引起裂纹并扩展，导致整个锻模的开裂。

2) 磨损。坯料与模膛壁产生强烈的摩擦，造成模膛表面的磨损及尺寸的变化。如采用挤压方式充满模膛则比用镦粗方式磨损要大，尤其是在飞边槽部分磨损更快。在坯料变形困难的部位，往往不产生磨损。当模膛表面出现网状热裂纹后，则模具磨损得更快。

3) 变形。由于外界高压和局部高温使模具局部坍塌而造成模具的塑性变形。

4) 焊合。在锻打过程中，由于模具表面的损坏，在模具表层会出现非氧化、非润滑表面，这种表面容易和坯料表面粘在一起，在进一步锤击时，即可能与坯料全部焊合在一起。这种情况与模具磨损情况相反，可导致锻模变小。

(4) 提高锻模使用寿命的措施

锻模的使用寿命与很多因素有关，如锻模材料的组织和硬度，锻造温度和设备类型，锻模的结构设计以及锻模的冷却、润滑、使用等都直接影响锻模的寿命。因此，为了提高锻模的使用寿命，应采用以下措施：

1) 材料方面。选用耐磨、抗氧化、红硬性好、热疲劳性好的模具材料。对磨损严重的部位，可选用红硬性好的模具钢做镶块，并采用合理的热处理规范。

2）设计方面。锻模尖角部位应尽量采用圆滑过渡，选用合理的镶块结构便于对模具表面进行强化处理，合理地选用制坯工步，并要保证锻模有足够的承压面积。

3）使用方面。锻模必须预热到150～250℃，防止低温锻造，及时清除氧化皮，注意模具的冷却和润滑，严禁重锤空击。

4）模具制造方面。模膛表面应抛光，达到所要求的光洁程度，避免磨削软化。

技能要求

一、工作名称

偏心轴模锻造工具和简单模具的使用。

二、工作任务

偏心轴见表3—11，其他见本节"学习单元2"的"技能要求"相关部分。

三、工作过程

1. 识读模锻造工艺

前面已有介绍，这里不再赘述。

2. 核对模锻造模具

安装锻模之前应检查该锻件图和锻模编号及模膛是否一致，如果相符，即可安装调试。

3. 模具的使用、调整和维护

（1）锻模的使用

1）首先检查模膛制造质量和各安装尺寸是否合格。

2）锻模应安装牢固可靠，上下模分模面互相平行，燕尾高度必须大于燕尾槽的深度，间隙 Δ 等于0.5～1 mm，其结构如图3—36所示。

3）调整锤头与导轨间的间隙，在保证正常工作的前提下，尽量取最小值。

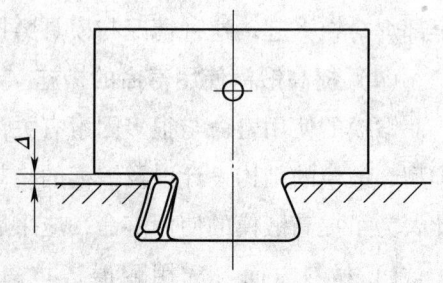

图3—36 锻模与燕尾配合

4）锻模在使用前应预热到 150~350℃，在使用中途停顿时应进行保温。

5）氧化铁皮严重影响锻件质量和锻模寿命，锻造前必须认真清除加热坯料表面的氧化铁皮。

6）锻模工作时的表面温度不得超过 400℃，为防止锻模升温过高，应向模膛喷洒润滑剂，润滑剂既起润滑作用，又起冷却作用。常用润滑剂及其优缺点见表3—12。

表3—12　　　　　　　　　　常用润滑剂及其优点

润滑剂	使用范围及特点
湿锯末	用于难以起模的大型锻件，使用方便，价格便宜
盐水	冷却模膛效果好，同时起润滑作用，卫生条件好，使用方便，但对设备腐蚀性大。使用盐水润滑冷却锻模可采用机械喷雾方法
水基石墨润滑剂	冷却、润滑效果好，无腐蚀，污染小，已有 MD 系列产品可适应各种模锻造工艺的要求，使用方便
油基石墨润滑剂	可用2%~3%的石墨和废机油配制，价格便宜，使用方便，润滑性能好，但对环境污染较大，只限用于小批量生产
二硫化钼混合润滑剂	润滑效果好，但价格较贵，多用于小型坯料的精锻或挤压

7）当操作中锻模错移过大时，必须及时地在键或楔处加垫片（见图3—25），以进行调整。

8）如果模膛变形量较大不能再锻造时，可以进行翻修，每次翻修量视损坏情况而定，一般可翻修二三次。对于镶块模可另外做一些不同厚度的垫板，以供翻修时调整使用。

（2）切边模、冲孔模的使用

1）切边、冲孔的工艺特点。在模锻设备上进行开式模锻造后，沿锻件周围会产生横向飞边；具有透孔的锻件（孔径大于 25 mm 时）模锻造后，在孔内一般均留有连皮，飞边和连皮都应从锻件上切除。因此，切飞边和冲孔连皮就成为模锻造中不可缺少的工序。

模锻件飞边和冲孔连皮的切除，一般是在曲柄压力机或摩擦压力机上安装的切边模、冲孔模上进行，特别大的模锻件可采用液压机切边，胎模锻件有时在锤上切边。

锻件可以在热态下（约750℃）切除飞边，称为热切边；也可在冷态下（低于150℃）切除飞边，称为冷切边。切掉冲孔连皮一般在热态下进行。

2）简单切边模和冲孔模的结构形式。根据锻件形状、生产批量及实际条件，切边模和冲孔模可分采用单一模、连续模和复合模三种。这里只介绍单一模。单独进行切边或冲孔的模具称为单一模，其结构如图3—37所示。

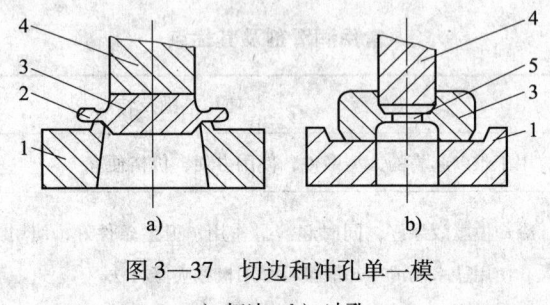

图3—37 切边和冲孔单一模
a）切边 b）冲孔
1—凹模 2—飞边 3—锻件 4—冲头 5—连皮

单一模具结构简单，制造、调整方便，当锻件批量不大时，多采用该种结构模具。

3）切边模冲头和凹模间隙。切边时冲头要进入凹模，冲头、凹模之间必须有一定间隙。间隙过大，不利于冲头与凹模位置的对准，易于产生偏心切边，从而影响切边质量。间隙过小，飞边不易取下，而且冲头与凹模还有相啃的危险。为简化模具结构，保证切边质量，一般取间隙为0.8~1.5mm。

4）切边、冲孔模的安装与调整。切边和冲孔模在安装和调整时，必须严格遵守一定的程序，否则容易造成设备或模具的损坏，甚至出现伤害事故。单一模的安装、调整程序如下：

①按工艺卡上的编号，将切边模冲头和已紧固在模座上的凹模从模具库领出，并吊运到切边机旁。

②将冲头放入凹模内。

③开动切边机，将滑块落到下止点处。

④把已装配好的切边模吊到切边压力机工作台面上，将其推入工作台中心，并放正。

⑤开动小车，即以丝杆转动带动滑块上下缓慢移动，使滑块燕尾槽与冲头燕尾面接触为止。接触后不能压紧，最好留有0.5~1mm的间隙，这时打紧斜楔紧固，使冲头紧固在滑块上。

⑥用压板和压板螺钉轻微固紧切边模座，但不拧紧螺钉。

⑦调整冲头和凹模的间隙，待周边间隙均匀后再拧紧压板螺钉，使压板压紧模座，防止模座窜动。

⑧调整滑块，将滑块慢慢提起，调至使冲头进入凹模 3~5 mm。

⑨按行程按钮，使飞轮转动，带动曲轴上的滑块做上下往复运动。仔细检查冲头与凹模的配合情况是否良好，若发现不正常情况，需再调整间隙。

⑩热切一个带飞边的锻件，进行自检，如锻件合格，说明切边模安装良好，可以正式投产。

5) 切边、冲孔模在使用中的维护

①在切边过程中，要经常注意压板螺钉与紧固冲头的斜楔是否松动，若发现松动，需立即停车紧固。

②经常检查切边后锻件飞边是否均匀，残余毛刺是否超差，适当及时地调整切边模间隙。应经常对模具进行冷却及润滑，特别是冲较深的孔时，用石墨和水冷却及润滑模具，可以显著提高模具寿命。

③模具刃口磨损后应及时修复，保证切边和冲孔的质量。

(3) 校正模

1) 校正模的结构。校正模可分为整体式和镶块式两种。校正模膛是根据校正用的锻件图样（冷或热锻件图）来设计的。

2) 校正模的使用和维护。校正模的使用和维护与锻模基本相同。需要在校正操作中注意的是：

①锻件在校正模内应放在正确的位置上。

②校正时，应避免用锻锤和摩擦压力机的全能量打击，否则多余能量被模具和设备吸收，不利于提高模具和设备寿命；并产生新的薄而小的飞边，造成切除困难。

四、注意事项

不违规操作，即必须做到不空击锻锤，不锻打低于终锻温度的锻件，模具、锤头、锤杆工作前需加热到 150~250℃。

第2节 工件锻造

 学习单元1 孔盘类、圈类工件的模锻造

 学习目标

➤ 了解偏心锻造、低温锻造等对设备及锻件质量的影响
➤ 掌握简单锤锻模的安装、调整和预热方法
➤ 掌握单模膛孔盘类、圈类锻件锻造的操作方法

 知识要求

一、对设备及锻件质量的影响因素

在锻造生产中,往往因不正确的锻造方法,而使锻压设备产生故障,甚至损坏锻压设备及影响锻件质量或使锻件报废。

1. 偏心锻造对设备及锻件质量的影响

(1) 偏心锻造对锻压设备的影响

如图3—38a所示,在偏心锻造时,由于在锤头中心的作用力同坯料上的反作用力不在一条直线上,产生力矩 M 作用在锤杆上,由于锻造过程中锤杆受到长时间的 M 的反复作用,会造成锤杆疲劳折断。

(2) 偏心锻造对锻件质量的影响

如图3—38b所示,由于力矩的作用,使上砧偏转一个角度,这就可能使锻件同上砧接触的平面产生倾斜,造成锻件截面一边厚、一边薄,变形受力不均,致使锻件内部性能不均,也影响锻件尺寸的精确度。如果是方形截面,可能产生角棱(指相应的线或面不垂直)。

因此，为了延长锤杆的使用寿命和保证锻件质量，在锻造操作时，应将坯料放正，严禁偏心锻造。

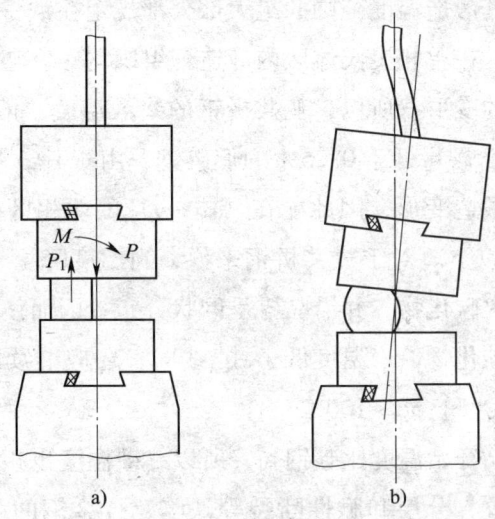

图 3—38　偏心锻造

2. 低温锻造对设备及锻件质量的影响

（1）低温锻造对锻压设备的影响

1）低温锻造时金属材料的变形抗力和塑性的变化。随着锻造金属材料温度的降低，金属材料的变形抗力会增加。如 45 钢，当温度由 100℃ 升到 600℃ 时，其抗拉强度极限 σ_b 由 593 MPa 降低到 216 MPa，而延伸率则由 16% 上升到 33%。特别是在高温时，强度的降低和塑性的升高更明显，如 45 钢，在 1 200℃ 时的抗拉强度相当于 800℃ 时的 1/5，600℃ 时的 1/10，500℃ 时的 1/20。也就是说在 600℃ 锻造时的变形抗力相当于 1 200℃ 的 10 多倍，在 500℃ 锻造时的变形抗力相当于 1 200℃ 的 20 多倍。再如，Cr12Mo 钢在 800℃ 时的抗拉强度为 1 200℃ 时的 15.6 倍；也就是说，在 800℃ 下锻造时的变形抗力相当于 1 200℃ 的 15.6 倍。同时，金属材料的塑性会随着温度的提高而增加。

2）低温锻造对锻压设备的影响。在低温锻造时，金属材料的塑性较低，而变形抗力很大，使得锤头同锤杆连接根部处的金属材料受到反复强烈的反作用力作用，就可能使此处产生压缩疲劳裂纹，导致在偏心锻造时锤杆折断。因锤头受力过大，也可能造成锤身在弯角处产生裂纹，随着裂纹的进一步扩展，便造成锤身报废。

（2）低温锻造对锻件质量的影响

钢料在低于终锻温度下锻造，由于金属塑性低，金属变形抗力增加，金属的晶粒不能被打碎而使晶格歪扭，导致金属硬度升高，脆性增加，造成加工硬化，同时内部出现裂纹，使锻件的力学性能降低。

因此对于碳钢，其锻造温度范围的绝大部分都规定在铁—碳状态图中的单相奥氏体区内，这是因为，在单相奥氏体区内锻造，组织均一，塑性良好，从而使应力状态均匀，得到均匀的变形。所以，亚共析钢的终锻温度一般控制在 A_3（GS）线以上 15~50℃。对于含碳量低于 0.25% 的低碳钢，由于其 α 铁（铁素体）也具有很好的塑性，能承受锻造变形，因此能在 (α + γ) 的两相区内进行锻造变形，其终锻温度可低于 A_3 线以下。对于过共析钢来说，当温度降至 A_{cm}（SE）线以下时，便从奥氏体中析出二次碳化物，并沿晶界呈网状分布，因而使钢的塑性下降，脆性增加。为了打碎网状碳化物，当温度低于 A_{cm} 线时，还应继续锻造，其终锻温度一般控制在 A_1（SK）线以上 50~100℃。

由于合金钢再结晶开始温度比碳钢高，所以终锻温度也相应地提高。为减小变形抗力，避免产生裂纹、分层和脆性断裂等缺陷，合金钢的终锻温度一般不低于 850℃。

二、锻模预热

1. 锻模的预热原因

锻模在工作过程中，不断地承受很高的冲击力，并因锻坯的高温与锻模之间存在较高的温度差，会产生较大的应力，往往因重击而造成锻模破裂。如锻模预热后，提高了模腔温度，从而减少了高温度差，也即减小了热应力，降低了锻模破裂的危险性。为防止锤杆折断事故的发生，模锻工必须在预热模具的同时预热锤杆。在生产过程中，因故停锤使生产间断 2 h 以上时，再进行锻造工作前也必须重新预热锻模和锤杆。锤杆的预热方法与锻模预热方法相同。

预热锻模可提高其冲击韧性，防止其早期断裂。模具钢的冲击韧度与加热温度的关系见表 3—13。由表可知，在 200~400℃ 之间冲击值都比较高，锻模一般都预热到 200~250℃。特别要注意，在冬天寒冷季节的锻模一定要预热。

表 3—13　　　　锻模钢冲击韧度 α_k 与加热温度的关系　　　　J/mm²

材质 \ 温度/℃	20	100	200	300	400	500
5CrNiMo 钢	4.4	5.4	7.1	7.4	6.9	5.0
5CrMnMo 钢	1.7	2.0	4.5	5.0	3.8	3.2

在模锻造过程中，锻模模膛表面的温度是时升时降的。因此，在模具表面层会产生热应力。预热模具可以减小模具表面的热应力，增强模具的抗疲劳性。据测定，模具表面温度在1 000℃与20℃间反复加热冷却时，模具产生的热应力为13~14 MPa。若对模具进行350℃预热，则热应力降为3.2~3.6 MPa，减小了约3/4。据估计，预热到200~250℃的模具比没有预热的模具，其表面热应力可降低1/3~2/3。

2. 锻模的预热方法

生产中有各种不同预热模具的方法。最原始的方法是把烧红（1 000~1 100℃）的钢块放在上下模之间以烤热模具。此方法的预热时间长，对模具表面质量有损害，甚至引起模具表层回火。较好的方法是用火焰预热（环形煤气加热器、喷灯等）或电阻加热器来加热模具。另外，还有采用工频感应加热器来预热模具的。这些方法的优点是调节温度方便、迅速，加热比较均匀，对模具表面的损害很小或完全没有。

三、模锻工基本操作

1. 锻造操作中的手势信号

锻造操作过程中，除对锻造天车司机统一指挥外，还要对锻造设备（锻锤、水压机）司机等其他人员统一指挥。这种指挥仍然靠各种手势来表示，以达到各种操作的协调。锻造工的指挥手势较多，特别是自由锻造，在不同的工厂虽有各自不同的指挥手势，但为了安全生产，应掌握统一、正确的指挥手势。具体锻造操作中的手势信号见前述的自由锻造部分。

2. 模锻工基本操作综述

（1）安装锻模

锤锻模的安装过程见本章第1节学习单元3中锻锤的安装步骤。

（2）调整锻模

安装锤锻模模具时，会出现上下模不对正的情况，即使已调整好的模具，使用一段时间后也可能出现上下模错移的现象。当锻件的错移量用目测能明显看到时，不论其是否超出工艺规定的错移允许量，都要进行调整，直到目测几乎不见错移为止。模具的错移主要有三种：纵向错移（前后错移）、横向错移（左右错移）和上下模扭错，即上下模分模面发生微小的平面转角。具体调整方法前面已介绍。此外，当上下模膛中心轴线歪斜时，一般属于模具加工或设备精度问题，应先找出原因再进行修复，不应靠垫斜垫片的方法解决。

(3) 预热锻模

在锻模上最大的危险应力往往出现在生产开始阶段，这时锻模温差大，交变热应力尤为明显，锻模温度低又较脆，因而易破裂。如预热温度达250℃时，模具的冲击韧度明显升高，Ni–Cr–Mo 钢冲击韧度随温度的变化曲线如图3—39所示。锻模预热后，有助于坯料的保温，及保持良好的金属流动性，并减少了锤击次数，缩短了高温坯料跟锻模接触的时间，提高了锻模寿命。所以，锻模在工作前必须均匀预热至150～350℃。停锻时间长，特别是冬季时，锻模必须要预热到要求的温度。

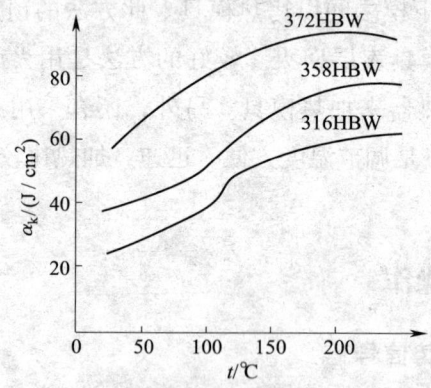

图3—39 Ni–Cr–Mo 钢冲击韧度 α_k 随温度的变化曲线

(4) 单模膛或多模膛各工步的操作

单模膛是指锤锻模上只设有终锻模膛，但可有镦粗台和压扁台。

1) 单模膛的操作

①棒料直接在模中锻造成形的操作。操作时注意三点：料要尽量放正，不偏心；开始的一击要轻击，吹去氧化皮，加上润滑油；然后重击，使锻件充填良好；最后一击可适当轻击，以利于取出锻件，直到上下模打靠为止。

②带镦粗台的操作。对于大尺寸的齿轮、凸缘等回转体形状锻件，当采用小规格棒料，需在终锻之前将坯料在镦粗台上镦粗。镦粗台位于锻模的一角。操作时，先将坯料垂直放正在镦粗台上，轻击一锤，再继续锤击至坯料直径接近于锻件外径，吹去氧化皮，放入终锻模膛成形。

③带压扁台的操作。对于扁而宽的锻件在成形前先进行压扁，即将坯料"平"放在压扁台上，坯料被压宽，可有利于终锻时定位及减少终锻锤击次数。然后放进终锻模膛成形。

2) 多模膛的操作。多模膛指两个模膛以上的锻模，最多不超过五个模膛。根据锻件的形状和尺寸决定各种模膛的组合。例如，135型柴油机连杆，锤上锻模设有五个模膛：拔钳口、拔长与滚压复合、弯曲、预锻、终锻成形。各种模膛的作用与操作如下：

①压肩模膛。金属轴向流动不大，坯料局部截面变小，操作时，一般只将坯料击打一下，平移到终锻模膛成形。压肩与压扁的区别：压肩后坯料轴向的横截面稍有变化，压扁后坯料轴向的横截面是等截面。

②拔长模膛。操作时类似于自由锻拔长，在拔长台上连续锤击坯料，同时翻转并轴向移动坯料，拔到坯料的长度接近于拔长模膛模腔后壁长为止。

③滚压模膛。操作时不断翻转、锤击坯料，每击打一次，坯料转90°，多数坯料击打3~4次即可。

④弯曲模膛。操作时，只在弯曲模膛中击打一下坯料，放坯料时，模膛中设有定位处。弯曲后的坯料，其平面形状接近于锻件的平面形状。弯曲后的坯料必须转90°后放进预锻模膛或终锻模膛。

⑤成形模膛。类似于弯曲模膛，只击一下，坯料外形变得接近于锻件平面形状。成形模膛击打一下后，坯料翻转90°，放入模膛型槽。

⑥预锻模膛。预锻模膛不开飞边槽，各处的圆角半径大于终锻模膛相应处的圆角半径。预锻模膛不必让上下模打靠，飞边较小，预锻后，将坯料平移或翻身放入终锻模膛。

终锻模膛操作方法与单模膛终锻模膛相同。

（5）校正

由于锻件在各生产工序及传递过程中，存在各种原因而使锻件产生弯曲、扭转等变形。如锻件由于飞边急冷，各部分收缩不均匀，致使锻件变形或冲孔去连皮时产生变形，尤其是长轴类与弯曲类锻件最易发生变形。严重的变形常导致锻件因为不符合锻件图技术要求而成为废品。为了提高成品率，消除这种变形，可采用对变形锻件进行校正的方法。在实际生产中锻件的校正可分为热校正与冷校正两种：

热校正是在热态下进行校正，通常是与模锻造同一火次，在切飞边与冲连皮之后进行。一般用于大型锻件和易于在后续热加工工序中产生变形的复杂形状锻件。

冷校正是在锻件清理后进行，作为最后工序。一般用于中小型锻件和易于在冷切飞边、冷冲连皮、热处理及表面清理过程中产生变形的锻件。

（6）拆卸锻模

拆卸锻模可视为安装锻模的逆向操作，可按安装锻模的相反步骤逐步进行操作。

四、单模膛孔盘类、圈类工件的模锻造的特点

1. 单模膛锻造的特点

单模膛锻造有三个特点：从结构上，单模膛模具的模膛结构简单；从操作上，单模膛锻造操作方便；从工艺上，单模膛只有两个工步，一个是镦粗、一个是终锻，锻造工艺简单。

2. 孔盘类、圈类工件的模锻造

孔盘类、圈类零件在分模面上的投影为圆形或长度接近宽度的锻件。锻造过程中锤击方向与坯料轴线同向，终锻时金属沿长、宽、高三个方向均产生流动。主要有镦粗、终锻成形等工步。

对于形状简单的盘类锻件，可只用终锻工步成形；对于形状复杂、有深孔或有高肋的锻件，则应增加镦粗工步。孔盘类需要增加冲孔工步，去掉终锻后的连皮，然后进行切边、精压。

 技能要求

下面通过典型实例，对单模膛的孔盘类、圈类工件进行模锻造操作。

一、工作名称

油箱盖锻件的模锻造操作。

二、工作任务

锻件如图 3—40 所示。

锻坯材质为 45 钢正火件，锻坯质量为 1.03 kg，模锻造工步为镦粗、立压去氧化皮、终锻。坯料规格为 $\phi50$ mm×98 mm。

镦粗台未限定镦粗高度，所镦圆饼以 $\phi90 \sim 95$ mm 为宜。

三、工作过程

1. 模锻造工艺

镦粗、立压去氧化皮、终锻。

2. 锻模的选择

油箱盖锻件的锻模采用单型腔，锻模图如图 3—41 所示。

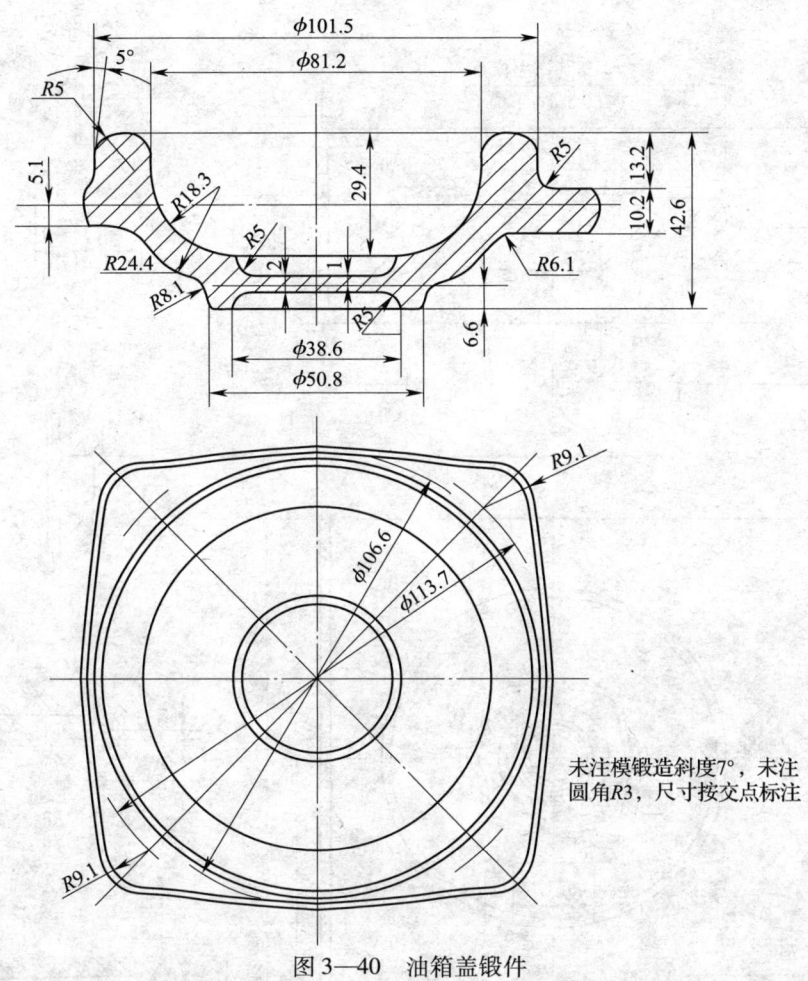

图3—40 油箱盖锻件

锻模设置了圆形锁扣,这对防止错差有利,锁扣的下模凸起,对于该锻件相比下凹锁扣可减小模块高度。锻件法兰较薄,在复合模中切边、冲孔时定位困难。为此在锻件两侧各增加一块工艺凸台敷料,切边时这两个工艺凸台进入切边凹模上的对应凹槽,使定位准确。切边时敷料随之被切去。

锻件是方形的,锻模以检验面为基准,合模浇铅检查错移,为此开出了浇口,此浇口还可用来撬出卡模的锻件。

镦粗后将饼料侧立轻压,去掉端面上的氧化皮。

3. 锻模的安装

锻模的安装步骤如下:

(1) 按工艺卡的要求,将所需锤锻模吊运到模锻锤附近的空地上,打开锻模,检查模膛,确认无误后,在地面上给上下模分别装好键块,键块应用大锤打入。注意键在键槽中不能松动,必要时可垫适当厚度的铁垫片。

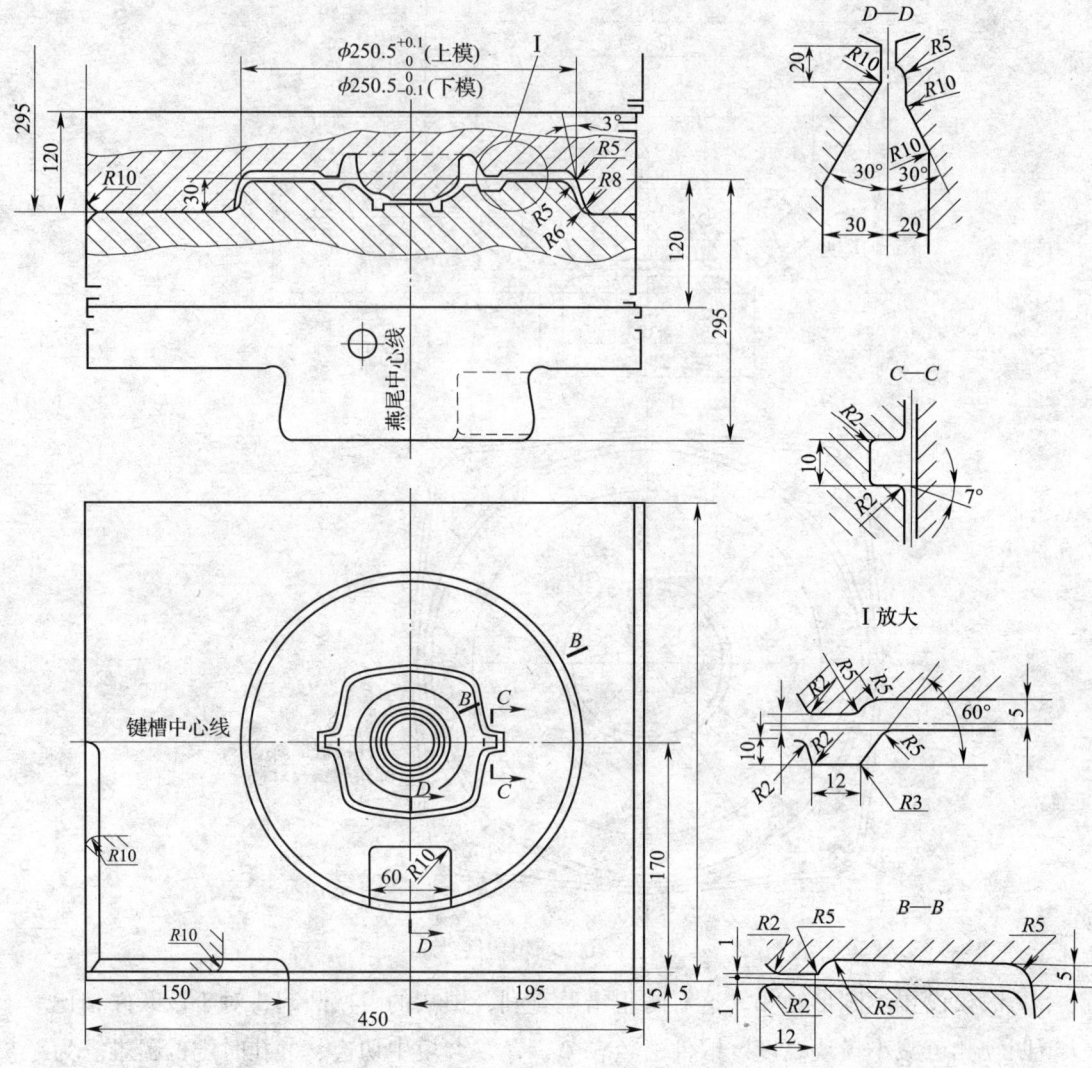

图 3—41 油箱盖锻模

（2）将锻模合拢，吊起，擦净锻模的上下平面，特别是上下模的燕尾平面。

（3）支起锤头，关闭进气截门，擦净锤头和模座。

（4）准备厚度等于键与键槽之间间隙的铁垫片，放在键槽侧面。为防止安装锻模时垫片错位，可在垫片上涂一薄层黄油，将垫片粘在键槽侧面。

（5）由于锤头的影响，锻模无法直接吊装在工作位置，只能吊放在下模座上。又因为锻模上已经安装好了键块，为使锻模能在下模座上放稳，必须在下模座没有键槽一侧的底面放一条垫铁。垫铁的高度应与键块厚度相同，可以用固定下模的楔铁代替。

（6）放好垫铁后，将锻模吊放在下模座上，此时锻模的键块架在燕尾槽上，另一边架在垫铁上。

（7）用吊锤轻轻向里撞击模块，直至锻模上的键落入模座上的键槽。仔细观察，确定调整铁垫片没有错位时，用撬杠将垫铁取出。

（8）用大锤轻击下模块，使上下模检验角对正，然后用撬杠将锻模在下模座燕尾槽中摆正，为使锤头放下时不致碰到上模燕尾，锻模的燕尾应该与下模座的燕尾槽之间留出一定距离。

（9）将厚度等于键与键槽间隙的铁垫片用黄油粘在上模键块的侧面。

（10）缓缓打开进气截门，移去支柱，将锤头缓慢放下，检查确认调整垫片处在正确位置。

（11）用撬杠将上下锻模的燕尾与燕尾槽贴紧，插入紧固楔铁，用撞锤打紧。应注意楔铁两边的角度是不同的，因此，不但上下楔铁不能互换，楔铁的上下面也不能装错；否则会影响紧固程度，甚至影响设备精度。另外，上模紧固楔铁露出锤头部分的长度应小于 100 mm，以保证操作安全。

至此模具安装完毕。

4. 锻模的调整

安装好模具的上下模不一定是对正的。即使已经调整好的模具，使用一段时间也可能出现上下模错移的现象。因此，必须随时注意观察检验角是否对正，以及锻件是否合格。当锻件的错移量超过允许的公差时，就要及时对模具进行调整。

模具的错移主要有三种，即前后错移、左右错移和上下模歪斜。

模具出现左右错移的调整比较容易，只需用吊锤把模锻锤支架上的楔铁一方适当退出，另一方再打紧即可。

模具出现前后错移的调整步骤如下：

（1）确定模锻件前后错移的方向和错移量。

（2）关闭进气截门，将上下模合拢，将上模的固定楔铁拔出；当模具有锁扣时，须将下模的紧固楔铁一同拔出。

（3）缓缓打开进气截门，支好锤头，将垫在键块两侧的铁垫片按模具错移量进行调整。

（4）将锤头放下，打紧楔铁。

若上下模前后错移量较大，仅靠移动上模键块垫片仍不能调整对正，则须调整下模键块垫片。此时调整步骤相当于重新安装锻模，可参照锻模的安装步骤进行，并对下模垫片进行调整。

当上下模腔中心轴线歪斜时，一般属于模具加工或设备精度的问题，应找到确切原因，进行修复，不应靠垫斜垫片的方法解决。

在安装和调整锻模时，模锻工应了解定位键块和键槽之间的间隙，垫入相应厚度的垫片，不允许多垫，也不允许少垫。多垫会损坏键槽，少垫则会使错移量不确定，无法对锻模进行调整。

5. 锻模的预热

（1）锻模的预热方法

预热方法有气体燃料喷烤和热铁烘烤两种，对预热要求严格的锻模，可用工频感应预热。

（2）检查预热温度的方法

1）洒水于锻模表面，视水蒸气情况判断锻模预热温度，这种方法需要一定的实践经验。

2）用测温笔检验，当所画的颜色在规定时间内改变成规定的颜色，则表明预热温度达到要求。

3）用表面温度计测温。

4）将手指插入锻模起重孔内，感觉到烫手即可。

6. 模锻的操作

（1）去氧化皮

开始的一击要轻击，吹去氧化皮，并对模具的型腔加上润滑油。

（2）单腔模锻

1）用于简单的孔盘类、圈类工件，棒料可直接模锻成形。

2）用于大尺寸的齿轮、凸缘等回转体锻件，当采用小规格棒料，需在终锻之前将坯料在镦粗台上镦粗。

3）用于扁而宽的锻件，在成形前先进行压扁，即将坯料"平"放在压扁台上，料被压宽，有利于终锻时定位，减少终锻锤击次数。压扁后的坯料，放进终锻模腔成形。

7. 冲孔、切边

把带有飞边和连皮的模锻件放在压力机上，使用切边模将它们切除。根据不同情况切边和冲孔可在热态和冷态下进行。

8. 热校正

在切边和其他工序中大多会引起锻件的变形，因此切边后应在终锻模腔内或专门的校正模内进行校正。

四、注意事项

1. 控制锻造温度，不可冷打、空打。
2. 单模膛镦粗操作时，料要尽量放正，不偏心；开始的一击要轻击，吹去氧化皮，加上润滑油；然后重击，使锻件充填良好；最后一击可适当轻击，以方便取出锻件，直到上下模打靠为止。

学习单元 2　轴类工件的模锻造

  学习目标

  ➤ 掌握模锻件的热校正方法
  ➤ 掌握单模膛轴类工件的模锻操作

 知识要求

一、单模膛轴类工件模锻造的特点

轴类锻件的长度与宽度之比较大，锻造过程中锤击方向垂直于锻件的轴线。终锻时，金属沿高度与宽度方向流动，而长度方向流动不显著。单模膛轴类锻件的横截面积应该与坯料的横截面积近似相等，故常选用拔长、滚压、弯曲、预锻和终锻等工步。拔长和滚压时，坯料沿轴线方向滚动，金属体积重新分配，使坯料的各横截面积与锻件相应的横截面积近似相等，当坯料的横截面积大于锻件最大横截面积时，可只选用拔长工步；但当坯料的横截面积小于锻件最大横截面积时，采用拔长和滚压工步；当锻件的轴线为曲线时，应选用弯曲工步；对于小型长轴类锻件，为了减少钳口料和提高生产率，常采用一根棒料同时锻造几个锻件的锻造方法，因此应增设切断工步，将锻好的锻件切离。

对于形状复杂的锻件，还需选用预锻工步，最后在终锻模膛模锻造成形。如锻造弯曲连杆模锻件，坯料经过拔长、滚压、弯曲三个工步，形状接近于锻件，然后经过预锻和终锻两个模膛制成带有飞边的锻件。

二、模锻件的热校正

1. 模锻件热校正的原因

有些锻件,如细长轴类锻件、薄腹板高肋锻件、厚度较薄的锻件、相邻断面差别较大的锻件和形状复杂的锻件等,如图 3—42 所示,在模锻造、切边、冲连皮(孔)、热处理、清理以及运送的过程中,或由于冷却不均及局部受力、碰撞等原因,往往产生弯曲、扭转、翘曲变形,造成锻件的变形超出了锻件图技术条件的允许范围,便要将锻件校正。

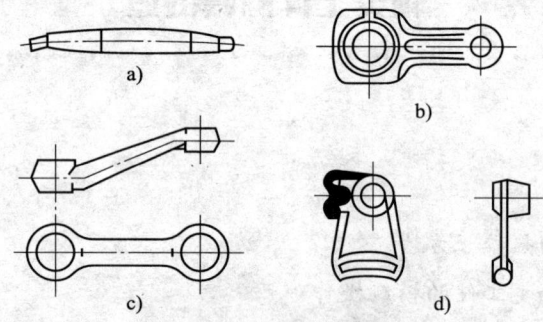

图 3—42 需要校正的锻件

校正可以在校正模内进行,也可以不用模具。如对某些长轴类锻件,有时是直接将锻件支撑在油压机工作台的两块 V 形铁上,用装在油压机压头上的 V 形铁对弯曲部分加压以校正。在模具内校正时,还可使锻件在高度方向上因欠压而增加的尺寸减小。

2. 模锻件热校正的方法

(1) 在锤锻模的终锻模膛内热校正。即锻件在切边后,同一火次,放终锻模膛内热校正。

(2) 大锻件以及大量流水生产时的中小复杂锻件是在锤校正模中进行热校正的。

(3) 在修边压力机上进行热校正。

(4) 在铁砧上或者是锻锤上进行热校正,适用于单件。

(5) 为防止反弹现象,有些锻件应在特殊的校正压力机上校正。

 技能要求

下面通过典型实例,识读典型工件的模锻造工艺,并根据工艺进行操作。

一、工作名称

长轴类锻件的模锻造。

二、工作任务

锻坯材质为 45 钢,锻坯质量为 11.15 kg,连杆锻件图如图 3—43 所示,连杆的模锻造工序为拔长、滚挤、展平大头(压扁)、终锻。

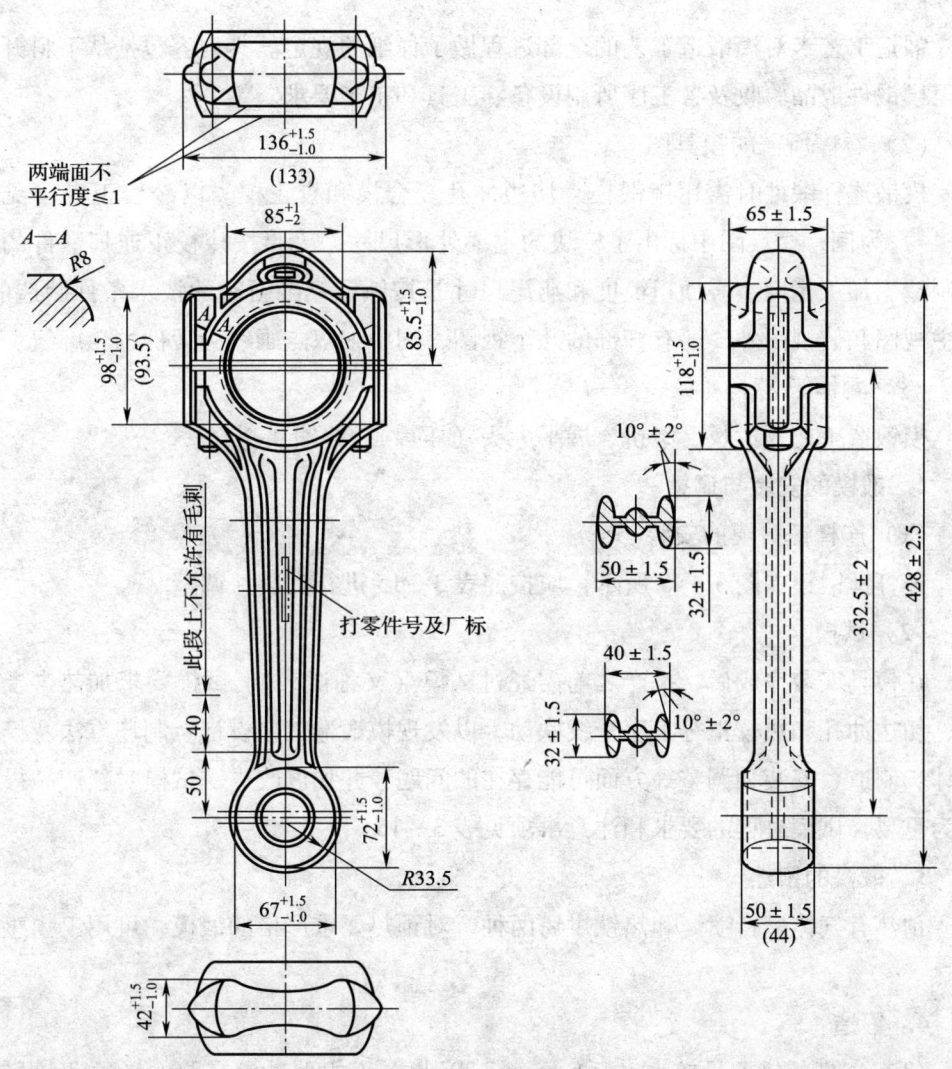

图 3—43 连杆锻件图

三、工作过程

1. 模锻造工艺

（1）看懂锻件图

锻件图包括锻件图形、尺寸、技术条件、标题栏等内容。连杆锻件由主视图、侧视图、俯视图和底视图四个视图和三个局部剖面图组成，图中不但反映了连杆锻件的外形特征，还标注了有关的尺寸和公差，括号中的尺寸是零件机加工后的尺寸。

锻造工艺卡对模锻造工艺的全部过程做了详细的规定。其内容包括从下料开始直至模锻件成品验收及各工序所用设备、工具和工步要求。

（2）看懂所需的模具图

模锻连杆锻件时需用锤锻模、切边冲孔复合模和校正模。以冷校正模（见图3—44）为例，模具图中标出了模块的主要外形尺寸，模膛按冷校正连杆锻件的要求制造。加工精度、表面粗糙度和燕尾尺寸是按锤锻模翻新时的技术条件制造的。除主视图和俯视图外，还有杆部的几个视图，图中细双点画线为锻件的轮廓线。

（3）看懂工艺卡（见表3—14）

模锻造工艺为拔长、滚挤、展平大头（压扁）、终锻。

2. 锻模的安装与调整

（1）连杆锤锻模的安装

连杆锤锻模如图3—45所示，应按照表3—15进行安装并调整。

（2）试模

在模具安装完成后，投产之前需经过试模（又称试锻）。试模要求加热、模锻造、切边冲孔和热校正等工序全线联动，以发现模锻造工艺设计、制坯方法及模具设计、制造、安装和调整等方面可能存在的问题，并加以改进。试模对新产品投产尤为重要，试模过程的要求和注意事项见表3—16。

3. 锻模的预热

预热有气体燃料喷烤和热铁烘烤两种，对预热要求严格的锻模，可用工频感应预热。

4. 锻造

（1）连杆的错差量较小（≤1 mm），因此在正式批量生产前，必须调整好锻模试锻，若发现锻件错差量较大，需重新调整锻模。

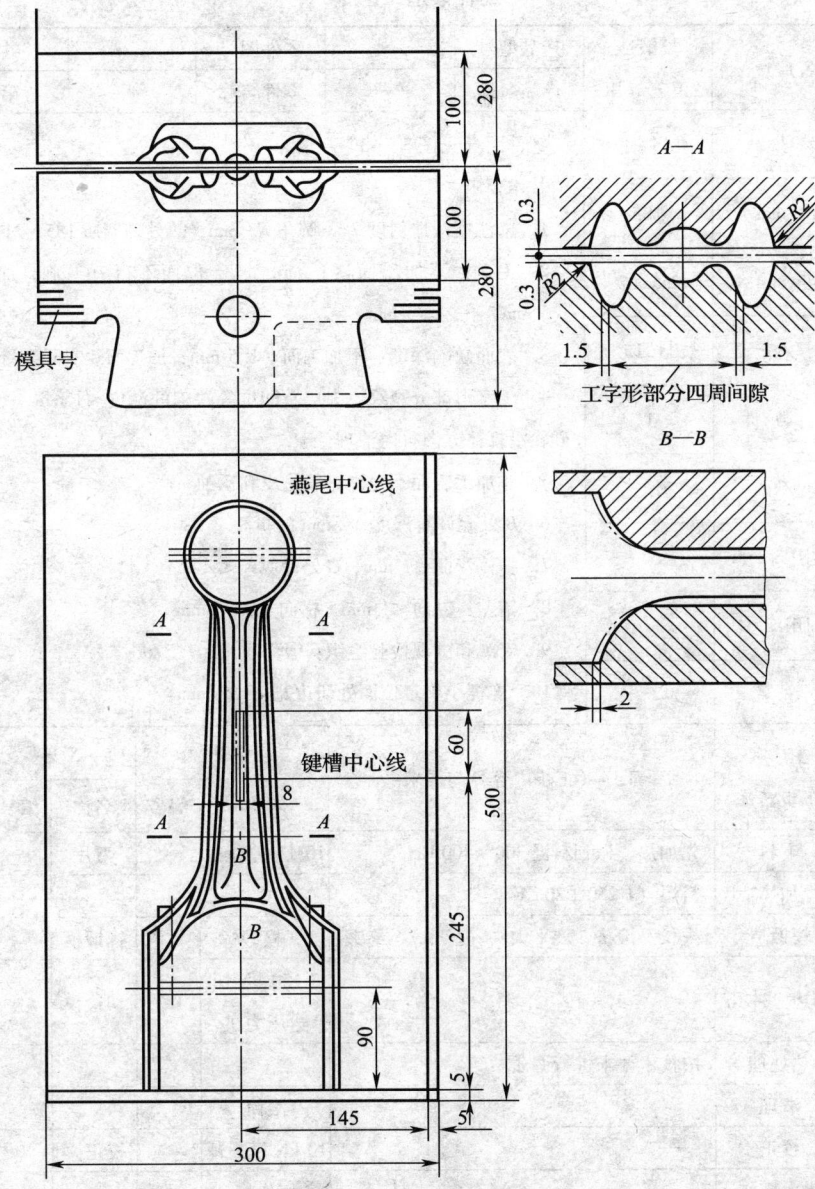

图 3—44 连杆冷校正模

(2) 制坯时,用钳子夹住坯料的一端进行拔长、滚挤。该连杆只需对杆部和小头进行拔长、滚挤工步操作,大头为原坯料直径而不需制坯。在进行滚挤时,一定要使坯料表面圆滑光洁,锤头击打力不应过大,以免产生滚挤折叠现象而影响锻件质量。

表 3—14　　　　　　　　　　　　　连杆锻造工艺卡

(厂名)	模锻造工艺卡片	产品型号		零件图号		共 1 页
		产品名称	连杆	零件名称		第 1 页
材料牌号	45 钢	锻件图（见图 3—43） 技术要求 1. 未注模锻造斜度 7°，圆角 R3 mm，热处理调质 185～217HBW 2. 毛刺：不加工面 ≤1 mm，但定位面不得有毛刺；加工面 ≤1.5 mm，孔内 ≤3 mm 3. 表面缺陷深度：不加工面 ≤1.5 mm，加工面 ≤实际余量的 1/2 4. 工字形部分裂纹、夹层、凹坑等缺陷的深度 ≤1 mm，允许用细砂轮沿杆体方向打磨清理 5. 非加工表面不允许有氧化皮和锈蚀 6. B 处允许有深度 ≤2 mm 的折叠 7. 杆体弯曲 ≤1 mm，C 处壁厚差 ≤2 mm 8. 错差：纵向 ≤1 mm，横向 ≤0.75 mm 9. 宏观和微观检验组织：锻件质量 ≥7.5 kg 10. 连杆小头定位面处切边宽 ≤1.5 mm				
材料规格/mm	φ85					
下料长度/mm	255 ± 2					
坯料质量/kg	11.15					
坯料制锻件数/件	1					
锻件质量/kg	7.13					
锻件材料利用率/%	64					
零件材料利用率/%						
火耗/kg						

工序号	工步号	工序和工步名称	工序（工步内容）与要求	设备名称	编号	工具名称	编号	备注
1		下料	先加热，做到料温 300～400℃	10MN 剪断机		刀片		
2		加热	料温（1 250 ± 20）℃	室式炉				
3		模锻造	拔长、滚挤、展平大头（压扁）、终锻	3 t 模锻锤		锤锻模		
4		切边、冲孔		3 150 kN 切边压力机		切边模		
5		热处理	按技术要求进行调质					
6		清理		滚筒				
7		校正		10 kN 模锻锤		校正模		
8		磁力探伤		探伤机				
9		检查	按锻件图验收					

（3）对于杆部工字形截面深而窄且要求高的坯料，滚挤后要进行预锻。对 3 t 模锻锤而言，由于受到模块尺寸的限制，故采用直接终锻成形。

（4）将滚挤后的坯料展平大头后，翻转 90°，放入终锻模膛，轻击一下，用压缩空气吹去模膛中的氧化皮，然后重击成形。模锻工应用左脚踏脚踏板，击打力量要适中，避免出现折叠。

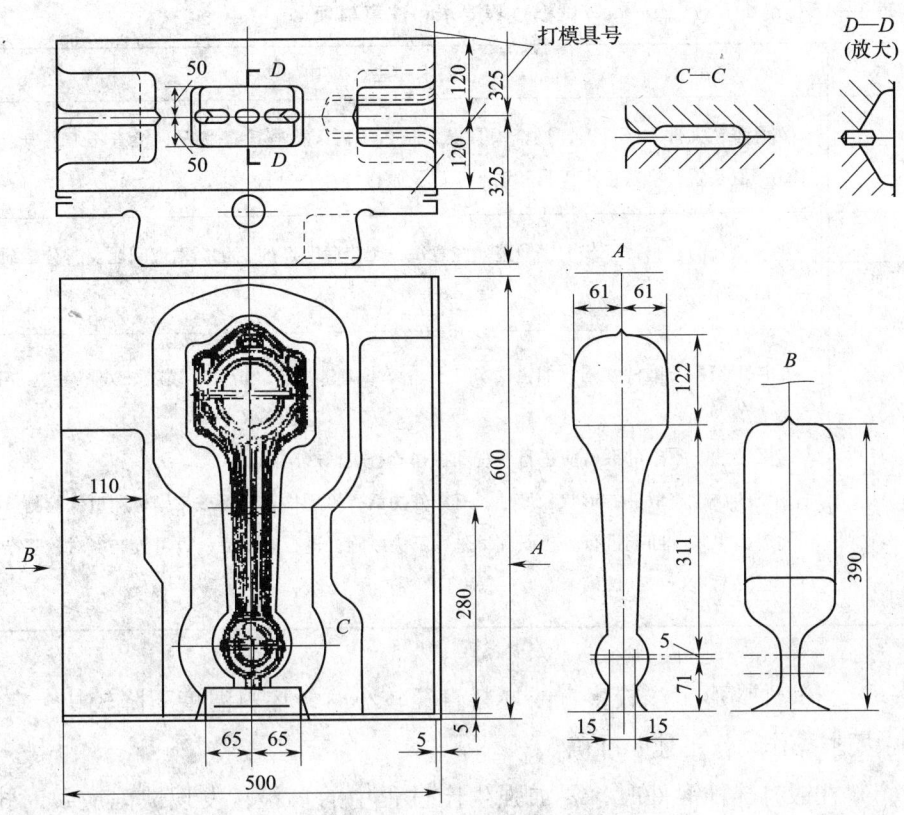

图 3—45 连杆锤锻模

表 3—15　　　　　　　　　　锻模的安装及调整方法

类别	模具的安装	调整方法
锤上锻模	依靠楔铁将上下锻模的燕尾紧固在锤头和模座上，其贴合平面起传递力的作用。安装时，必须仔细调整键块，以保证锤头导向和锻模导向的一致性和协调性。在打紧楔铁的过程中，应同时用锤头带动上模轻击下模，才能使锻模易于紧固	左右错移可用楔铁和垫钢片调整，前后错移可用键块两侧的铁垫片调整，上下模中心轴线歪斜应检查设备或模具加工
切边模、冲孔模、复合模	切边模、冲孔模安装时，应使凸凹模四周的间隙基本一致，凸模的入模高度必须合理，并调好卸料板高度。切边、冲孔复合模的安装调整较繁杂，一般在机外组装后上机安装。原则是切边、冲孔不同时进行，要注意凸凹模、锻件、托架、横梁、拉杆和顶杆等零件的相对位置和运动位置	先固定凸模，只调整凹模 复合模应先调整凸凹模间隙和入模尺寸，再调整拉杆和顶杆的位置

表 3—16　　　　　　　试模过程要求和注意事项

阶段	要求和注意事项
试模前	熟悉工艺文件和模具图，检查模具安装是否牢固，检查设备状况，检查压缩空气、冷却水、润滑装置，准备生产工具和钳子，以及原材料
试模	将加热好的坯料按工步顺序锻造。注意每一工步后毛坯的变化，发现问题及时分析研究并决定对策
试模后	尽快现场检查锻件缺陷，如错模、欠压、充不满、凹坑、折叠、裂纹、残留毛边和毛刺、弯曲度等 较重要的、复杂的锻件应进行酸洗和探伤检查表面缺陷 用划线法检查锻件的形状和尺寸。有条件的话，可用检查样板或三坐标测量仪检测 将暴露出来的问题进行分析研究，采取解决措施，进行修整后，方可投产。对较复杂的锻件，必要时进行二次试模

（5）当锻件变形工步较多，或坯料直径较小时，坯料温度下降较快，在变形过程中要求操作动作迅速、准确。

（6）在锻打连杆锻件时，要加强生产过程中的自检，发现缺陷应及时排除。连杆的常见缺陷有打不靠、杆部凹凸不平、表面氧化坑多、错移量过大、杆部较大圆角处产生折叠等。

连杆是比较复杂的碳钢锻件，而如图 3—45 所示的锤锻模上并没有锁扣，要求模锻工经常注意锻件错移量，出现错移超差现象及时调整锻模。

在进行终锻前，应用压缩空气吹净模膛，并根据锻件的厚度确定终锻重击的程度。

对锻件逐项检查，确信无误时，方可开始批量模锻造。

5．模锻件的校正

在 10 kN 锤上冷校正连杆锻件，锻件的冷校正可以在锻件切边冷却后成批进行，也可以在锻件热处理之后进行。按工艺卡的要求，连杆的校正放在调质清理之后，这样可以避免热处理时的锻件变形。但是校正时应避免重击，否则会使锻件局部因塑性变形而引起硬度改变，甚至出现裂纹。

校正后的锻件经探伤和检验工序后，方可入库或转入加工工序，至此模锻造工序完成。

四、注意事项

1. 识读锻件图、零件图、工艺卡和锻模图，注意其中的锻件图形、尺寸、技术条件、工艺要求等。

2. 正确安装和调整锻模。

第4章 锻后处理及检验

第1节 锻后处理

学习单元1 锻件的冷却

 学习目标

- ➢ 掌握锻件的冷却方式
- ➢ 掌握碳钢锻件的冷却规范
- ➢ 能对锻件进行空冷、可控冷却等处理

 知识要求

锻件的冷却是锻造生产的重要环节之一。冷却方式选择不当，不但会使锻件硬度过高，锻件变形，而且产生裂纹和白点等缺陷，严重影响锻件的质量，造成返修，甚至报废。对含碳量高、合金元素复杂的钢锻件需要特别注意与重视。

一、锻件的冷却方式

锻造车间的锻件冷却方式有以下几种：

1. 空冷

锻件生产出来后,应放在车间的干燥地面上冷却。注意不能放置在湿地或金属板上,防止锻件局部冷却过快引起缺陷。

空冷的放置方法有以下三种:分散在地面上;有间隙地排放或堆放在地面上;紧密地成堆放置。第一种方法冷却速度最快,但占地面积大;第三种方法冷却速度最慢。生产中常采用第三种方法空冷,锻件被堆在料框里中冷却。

空冷方式处理简单,但由于锻件的冷却不均匀,容易造成锻件表面的硬度不均匀。对有些形状复杂的特殊锻件,由于冷却不均匀,产生极大的热应力,使锻件变形,甚至出现裂纹。另外空冷需要占用大量的生产车间,生产条件恶劣,工人的劳动强度大。空冷主要用于低、中碳钢及低合金结构钢的要求不高的小型锻件。

2. 坑冷

锻件放在地坑里或铁箱中,用炉渣、石灰或砂子覆盖锻件,使其冷却。用的灰砂必须干燥。一般锻件入灰砂的温度不低于500℃,周围蓄灰砂厚度不小于80 mm。锻件的冷却速度可以通过不同的绝热材料和保温介质厚度进行调节。

坑冷的冷却速度比空冷要低,适用于中碳钢、碳素工具钢和大多数低合金钢的中、小型锻件的冷却。

3. 随炉冷却

锻件放入炉温为500~700℃的加热炉中缓慢冷却,冷却速度可以按工艺卡所要求的冷却规范进行调节。锻件入炉温度一般不低于600℃,待锻件温度和炉温一致后,随炉温冷却。炉内要避免冷空气进入,一般出炉温度不高于150℃。

随炉冷却的锻件冷却均匀,锻件的组织和性能稳定,但成本较高,适合批量不大的生产。

4. 控制冷却

加工后锻件直接放在控制冷却设备的传送带入口处,由传送带送入,设备内各段设置有喷雾、冷却风(冷风或热风),甚至设置淬火槽等冷控设备,使锻件冷却,它还可以控制锻件在传送带上的振动,以便均匀冷却。大多数设备采用PLC控制系统,来控制传送带速度、喷雾速度、振动频率、风速等参数。按锻件的工艺卡所规定的冷却规范,调节控制冷却设备的各参数,使锻件进行冷却,冷却好的锻件从传送带出口落入集件箱。

感应加热+模锻+控制冷却的生产线可以实现大批量、高质量的小型模锻锻件生产。

二、碳钢锻件的冷却规范

1. 影响锻件的冷却速度因素

锻件的冷却规范关键是冷却速度,应根据锻坯钢材的成分、锻件的最大散热尺寸大小来确定合适的冷却速度。

(1) 锻坯的钢材成分

锻坯的钢材化学成分越纯,则允许的冷却速度越快,反之,冷却速度要减慢。对于中小型碳钢和低合金锻件,一般采用冷却速度较快的空冷方式,中、高碳钢和低合金钢模锻件常配备控制冷却生产线。

合金成分复杂的合金钢锻件采用坑冷和随炉冷却,对于白点敏感钢(如铬镍钢 34CrNiMo 到 34CrNi4Mo 等),需采用等温冷却,以防止冷却过程中产生白点。

对于高合金工具钢(如高速钢 W18Cr4V、W9CrV、4Cr13、3Cr2W8、Cr12 系列等空冷就能发生马氏体相变的钢种),急冷会引起较大的组织应力,产生冷却裂纹,这类钢必须进行缓慢冷却,一般采用炉冷。

(2) 锻件的最大散热尺寸

锻件表面散热最大的面积处尺寸称为最大散热尺寸。散热尺寸越小的锻件,冷却越容易均匀,锻后可以较快冷却;而最大散热尺寸大的锻件,因冷却不易均匀,而造成温度应力大,需要缓慢冷却。

2. 碳钢锻件的冷却规范

(1) 最大散热尺寸的计量

锻件的冷却速度与锻件的最大散热尺寸有关,对于不同形状与尺寸的锻件,最大散热尺寸的计量见表 4—1。

表 4—1　　　　　　　　锻件最大散热尺寸的计量

锻件名称	锻件简图	特征	最大散热尺寸	备注
长圆筒		$d > 300$ mm	$1.5B$	—
		$d < 300$ mm	$2B$	
气缸		$l_2 < B < l_1$	B	$B = \dfrac{D_1 - d}{2}$
		$D_2 < l_1 < B$	l_1	
		$l_2 < D_2 < B$	D_2	

续表

锻件名称	锻件简图	特征	最大散热尺寸	备注
模块		$A>B>H$	H	—
		$A>H>B$	B	
齿轮		$H>B$	B	当 $H>200$ mm,$d<200$ mm 时按 $1.5B$ 或 $1.5H$ 选择
		$H<B$	H	
圆饼		$H<0.5D$	$1.5H$	
		$H>0.5D$	H	
轴类		$l>D_1$	D_1	—
		$l>D_2<D_1$	D_2	
		$D_2<l<D_1$	l	
曲轴类		$B>d$	B	B 为拐的厚度 H、$l>B$
短圆筒		$2B>H$	H	当 $d<250$ mm 时按 $1.5H$ 或 $1.5B$ 选择
		$2B<H$	B	
轮圈		$H>B$	B	
		$H<B$	H	

（2）碳钢锻件的冷却规范

碳钢锻件的冷却规范见表4—2。

表4—2　　　　　　　　　　碳钢锻件的冷却规范

钢号	最大散热尺寸/mm					
	≤100	~200	~300	~400	~500	~600
10、15、20、25、30、35	空冷	空冷	空冷	空冷	坑冷	灰坑冷
40、45、50、15Cr、20Cr	空冷	空冷	空冷	坑冷	灰坑冷	炉冷
55、60、30Cr	空冷	空冷	坑冷	灰坑冷	炉冷	炉冷
40Cr、T7~T12、60Si2Mn	坑冷	坑冷	灰坑冷	炉冷	炉冷	炉冷

适合表中的锻坯都是钢锭。如果用轧材锻造，冷却速度可增大一些，冷却方式都向右移动一格。

 技能要求

一、锻件的锻后空冷

1. 工作名称

ϕ90 mm 碟簧毛坯锻件的锻后空冷。

2. 工作任务

锻坯材质为60Si2MnA，锻坯质量为0.44 kg，加热炉为手锻炉，中小批量生产，锻件形状为圆饼类，锻件尺寸为ϕ94 mm×10 mm，锻造设备为250 kg空气锤，锻造工艺为自由锻造，锻件图如图4—1所示。

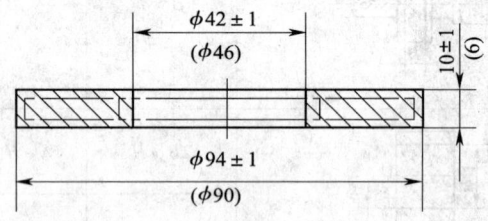

图4—1　碟簧毛坯锻件图

3. 工作过程

ϕ90 mm 碟簧毛坯锻件的生产参见第2章，采用胎模自由锻造。

（1）工艺分析

1）批量较小，加热炉、锻造设备为一般通用设备。

2）要求碟簧通过淬火、回火热处理，得到良好的弹性；加之碟簧锻件也需要机加工，所以锻件后期要求有退火工艺，这样锻件的冷却要求可以不高。

3）碟簧毛坯属于圆饼，查表 4—1，最大散热尺寸为 H（10 mm）。

（2）工艺方案确定

查表 4—2，碟簧的材料为 60Si2Mn，确定冷却方式为坑冷。

（3）工艺操作

1）锻后合格锻件，放在底面覆盖一层一定厚度灰砂的铁箱内。

2）堆放 100 件左右，盖上灰砂，灰砂厚度不小于 80 mm。

3）移到适当位置在空气中冷却。

4）取另一个箱子按上述步骤继续操作。

4. 注意事项

（1）灰砂必须是干的。

（2）锻件被埋入灰砂的温度要在 500℃ 以上。

（3）冷却后的锻件要尽快进行退火处理。

（4）锻件应水平码放，以免造成锻件的变形。

二、锻件的锻后可控冷却

1. 工作名称

花键毂锻件的锻后空冷。

2. 工作任务

锻坯材质为 45 钢，锻件质量为 0.87 kg，加热炉为 250 kW 中频加热炉，批量为 10 万件/月，锻坯的质量为 0.7 kg，锻件图如图 4—2 所示，锻造工艺为模型锻，锻造工艺流程图如图 4—3 所示。

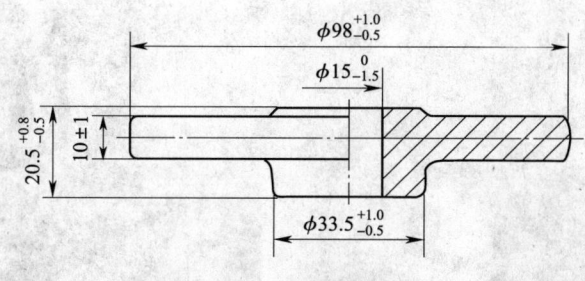

图 4—2　花键毂锻件图

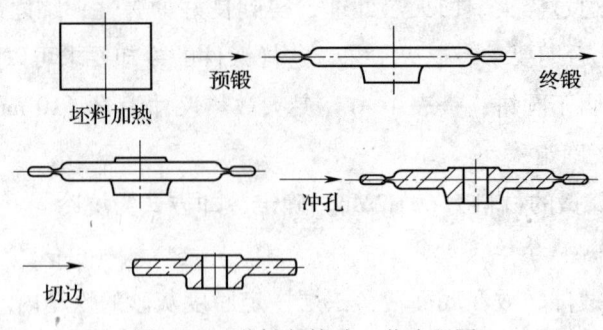

图4—3 花键毂锻造工艺流程图

3. 工作过程

（1）工艺分析

1）批量大，使用加热炉，锻造设备自动化程度高，适合采用自动化程度高、效率高的冷却方式。

2）花键毂锻件是比较关键的工件，要求锻件具有稳定的力学性能和稳定的冷却速度以保证冷却均匀。

3）查表4—1，花键毂属于圆饼形，最大散热尺寸为$1.5H$（15 mm）。

（2）工艺方案确定

花键毂材质为45钢，查表4—2可知，应选用空冷，为了提高效率，并保证冷却均匀，采用控制冷却。控制冷却属于空冷，锻件在封闭的传送线上，通过控制传送带速度，可以控制冷却速度，使锻件的冷却比普通的空冷更均匀，控制冷却线如图4—4所示。

图4—4 控制冷却线

(3) 工艺操作

1) 切好边的锻件直接放在控制冷却传送带上。

2) 依据控制带的长度和生产率,调好传送带的速度。

3) 对到达传送带尾部的花键毂测硬度。如硬度低,调高冷却风机,打开传送带冷却口;如硬度高,调低冷却风机,关小冷却口。

4) 再测花键毂的硬度,当硬度达到标准,保持传送带速度、风机转速和通风情况。

4. 注意事项

(1) 将传送带出来的锻件温度控制在150℃以下。

(2) 传送带不要太短,各锻件之间要有均匀的距离。

学习单元 2　锻件的表面清理

学习目标

➢ 掌握锻件表面清理的方法及注意事项
➢ 能对锻件进行表面清理

知识要求

锻件由于是在高温下成形,必然在表面上形成氧化皮,锻件的表面清理主要是指清理氧化皮。对于锻件的局部缺陷,如部分折纹、残余毛刺、飞边及表面微小裂纹等,也需要进行清理。

一、锻件锻后的机械清理

采用机械方法清理锻件的氧化皮和毛刺,对于金属的性能没有什么改变,是一种低成本的方法。

1. 滚筒清理

(1) 滚筒清理设备

滚筒的外形图如图4—5所示,为了提高

图4—5　滚筒外形图

碰撞效率，一般的滚筒都做成六角形状，动力由电动机提供，通过带传送，被减速，带动滚筒的转动。滚筒结构简单，工厂一般都自行制造。

（2）滚筒清理与滚磨清理

滚筒内不加磨料的或加极少磨料的称为滚筒清理，主要用于撞击清除氧化皮；滚筒内加磨料的称为滚磨清理，主要靠研磨清理锻件表面。两者的清理效果、清理时间等有很大区别，见表4—3。

表4—3　　　　　　　滚筒清理与滚磨清理的工艺特点

清理方法	滚筒清理	滚磨清理
清理后锻件表面状况	对氧化皮的清理效果好，但锻件表面仍有小毛刺，锻件表面因碰撞产生痕迹	对锻件表面的毛刺、氧化皮、飞边清理效果好，表面光洁
磨料	一般不加磨料，有时加三角铁、球、锯木屑	磨料：氧化铝、鹅卵石、石英石等，尺寸根据锻件的大小，一般为5～50 mm 研磨液：专用研磨液、肥皂水等
总装量	占滚筒容积的70%～80%	占滚筒容积的80%～90%
清理时间[①]/h	0.5～2	12～20
滚筒转速[②]/（r/min）	25～50	40～60

①清理时间取决于锻件情况、磨料情况、清理要求等，可根据实际情况确定。
②大直径滚筒，较大锻件，选用较小滚筒转速；反之，选用较大滚筒转速。

（3）滚筒清理的应用

滚筒内装有锻件，靠锻件之间的撞击，或磨料的研磨，清除锻件表面的氧化皮和毛刺，滚筒清理适用于可承受一定撞击的不易变形的中小型锻件。

2. 振动研磨

（1）振动研磨设备

振动研磨机的外形如图4—6a所示。将锻件置于磨料（按一定的配比加入研磨液混合构成）中，靠研磨机的振动使锻件与磨料相互研磨，如图4—6b所示，清除锻件表面的氧化皮和毛刺，获得表面粗糙度极小的较光滑的锻件。

磨料含有氧化铝、鹅卵石、石英石等材料，其尺寸一般为5～50 mm。研磨液成分主要有：作为防锈剂的5%～10%的亚硝酸钠溶液，作为光泽剂的0.8%～2%的磷酸钠溶液，作为清洗剂的皂液或碳酸钠溶液，作为润滑剂的锭子油等。

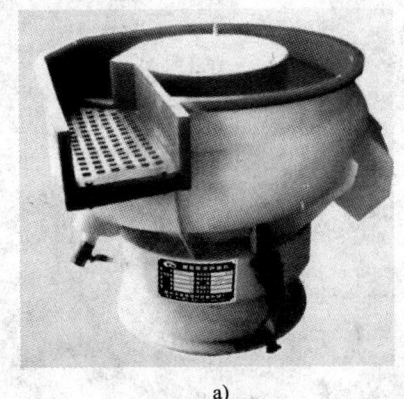 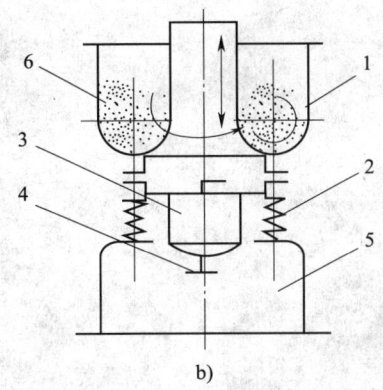

图4—6 振动研磨机

a) 外形图　b) 结构示意图

1—容器　2—弹簧　3—电动机　4—偏心块　5—底座　6—锻件和磨料

(2) 振动研磨的应用特点

1) 振动研磨是通过振动电动机高速旋转所产生的激振力，在弹簧的作用下，使研磨槽内的研磨石、水和研磨液同锻件产生规律性的相对运动，互相挤压，把凸出于零件表面的毛刺或氧化层磨掉，亦可将锐角倒圆和表面光亮抛光。因此振动研磨机可以对异形锻件和薄壁、长臂等不适合滚筒清理的锻件进行表面光整加工，且不破坏原有的形位精度。

2) 振动研磨机的工作效率比滚筒的高，加工的工件表面质量也较高。

3) 振动研磨适合有色金属等薄壁、长臂、形状复杂的而且对抛光要求较高的小型锻件。

3. 喷砂 (丸) 处理

喷砂或喷丸是以压缩空气为动力，将粒度为1.5~2 mm的石英砂或0.8~2 mm的钢丸，通过喷嘴喷射到锻件上，以打掉锻件上的氧化皮。喷砂清理效果好，但灰尘大、生产率低、费用高，多用于有特殊要求的材料如不锈钢、钛合金等的表面处理。

4. 抛丸处理

(1) 抛丸处理设备

抛丸清理是靠高速转动叶轮的离心力，将钢丸（或铁丸）抛向工件表面，击落工件的氧化皮，达到锻件表面清理的目的。如图4—7所示为Q32系列履带式抛丸清理机，如图4—8所示为滚筒式抛丸机。

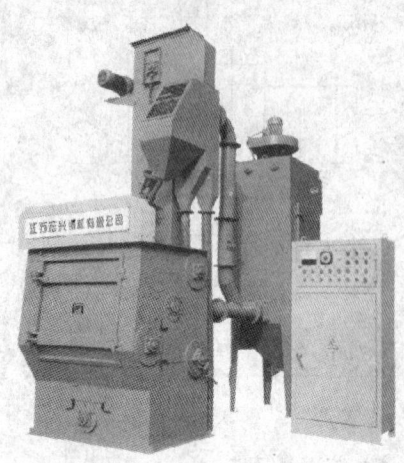
图4—7 Q32系列履带式抛丸清理机

图4—8 滚筒式抛丸机

Q32系列履带式抛丸清理机适用于锻造行业中小工件的表面清理和强化，它具有生产率高、清理质量好、噪声小、自动卸料等优点，特别对怕碰磕的锻件更为适用。工作原理：将工件人工或自动送入清理室内，由橡胶履带传动使在清理室内的工件作连续均匀的翻转，同时抛丸器高速抛出的弹丸形成扇形弹丸束，均匀地打击在工件表面上，从而达到清理的目的。Q32系列履带式抛丸清理机的技术参数见表4—4。

表4—4 Q32系列履带式抛丸清理机的技术参数

技术参数 \ 机型	Q326C	Q3210	Q3210C
端盘尺寸/mm	φ650	φ1 000	φ1 000
工作容积/m³	0.15	0.4	0.4
抛丸量/(kg/min)	100	250	250
单件最大质量/kg	10	30	70
加料量/kg	200	600	600
生产率/(t/h)	0.6~1.2	1.5~2.5	3~5
总功率/kW	9.9	20.5	25.5
除尘风量/(m³/h)	2 200	5 000	6 000
外形尺寸/mm	3 681×1 650×5 800	3 972×2 600×4 768	3 644×2 926×5 856

（2）抛丸的材料和粒度

钢锻件抛丸常用的材料是铸铁丸和钢丸两种，还有专用于有色合金锻件的铝丸材料。铁丸（含碳量3.2%~4%的白口铸铁）直径为0.3~3.5 mm，经淬火、低温回火，铁丸硬度达 51~60HRC；钢丸（含碳量 0.5%~0.7%）直径为 0.8~2 mm，经淬火、低温回火，钢丸硬度达 60~64HRC；铝丸（含铁量 5%）直径为 0.8~2 mm。各类锻件推荐选用的抛丸材料和抛丸直径见表 4—5。

表 4—5　　　　　　　　　　　　抛丸材料和抛丸直径

锻件类型	抛丸材料	抛丸直径（mm）
大型钢锻件	铁丸或烟丸	1.5~3.5
中小型钢锻件 正火或退火状态 淬火或调质状态	 铁丸或钢丸 铁丸或钢丸	 1.0~2.0 0.3~1.2
薄壁类锻件 壁厚>5 mm 2.5 mm≤壁厚<5 mm 壁厚<2.5 mm	 铁丸 铁丸 铁丸或钢丸	 0.8 0.5 0.3
有色合金锻件	铁丸 铝丸	0.3~0.5 0.8~2

（3）抛丸处理的应用

1）优点。抛丸效率高，运行成本低，而且抛丸清理在击落氧化皮的同时，工件的表层由于抛丸的作用而产生加工强化，使工件的表面硬度和强度提高。

2）缺点。抛丸清理灰尘大，工人生产条件差，需要配制吸尘设备。另外，抛丸对锻件表面的裂纹有掩蔽，容易造成漏检。

3）适用。抛丸机比喷砂机生产效率高，运行费用低，又能强化锻件，广泛应用于小型锻件的表面清理。

二、酸洗

1. 酸洗清理的应用

（1）优点

1）生产率高。

2）酸洗一般可用于各类锻件的清理。

3）酸洗清理后更易发现锻件的局部缺陷，如小裂纹、折纹等。

（2）缺点

1）对于锻件中深孔和凹槽内的氧化皮较难清理。

2）硫酸洗会使工件产生氢脆。

3）酸洗废液对人员、设备和环境有损害和污染。

4）酸洗使基体金属有微量腐蚀，锻件表面粗糙。

（3）适用

酸洗适合各类型锻件，但酸洗过的锻件表面粗糙，一般为了提高锻件非机加工表面的质量，常需要后期加喷丸、滚磨等工序。

2. 酸洗工艺

碳素钢和低合金钢的锻件多采用硫酸清洗，有时也采用盐酸清洗，高合金钢和有色金属需要使用多种酸混合液酸洗，有时还需要使用碱—酸复合液酸洗。

（1）硫酸与盐酸酸洗的区别

1）在清洗中硫酸与基体金属和氧化皮的铁元素发生反应，生成氢和易溶的硫酸亚铁，使氧化皮从基体金属表面剥落，工件易产生氢脆，会造成金属的损失。而盐酸的清洗主要是靠氧化皮在盐酸里的溶解。

2）盐酸清洗比硫酸清洗质量好，清洗速度快。

3）硫酸酸洗用硫酸价格便宜，浓度高，好运输；通过添加新酸来提高硫酸浓度，即可重复使用硫酸洗液，可利用程度高等。

使用中采用硫酸酸洗较为普遍，只有对氢脆敏感的高强度钢的酸洗，才采用盐酸酸洗。

（2）酸洗工艺

酸洗工艺为酸洗、水洗、中和、水洗。

酸洗效率高，成本低，不需要专用设备。但酸洗氧化皮的效果并不是特别理想，酸洗造成的污染严重，另外经硫酸酸洗的工件因金属内部生成氢，会造成工件氢脆。

三、局部缺陷的清理

锻坯、锻造中间工序件及锻件上存在的局部缺陷，如裂纹、折纹和残余毛刺等，都应及时清理，以避免这些缺陷残留并在继续加工过程中扩展，造成废品。清理的方法有如下三种：

1. 风铲清理

风铲清理手工操作劳动强度大，生产效率低，主要用于结构钢的大型锻件和坯料。

2. 火焰切割与清理

火焰切割和清理通常使用氧—乙炔焰或氧—丙烷焰。火焰切割与清理主要用于熔点较低的碳素钢和低合金钢锭、大型钢坯及大型锻件。

为了防止火焰切割和清理后在工件切口表面形成微裂纹，对于含碳量高于0.5%的碳素钢和含碳量高于0.3%的合金钢，切割与清理前，工件应先均匀预热，预热温度在200～400℃。

3. 磨削清理

磨削清理可以用于各种尺寸的坯料和锻件，清理质量好，表面粗糙度达到R_a 3.2～0.8 μm。表面缺陷深度浅和清理面积较大的工件、高合金钢工件以及清理要求较高的模锻件，适宜使用磨削清理。

磨削设备主要是砂轮机。落地式砂轮机，用于质量小于30 kg的锻件；手提式砂轮机，用于大型锻件；悬挂式砂轮机，用于大面积的清理。对于大批量的生产，也可以使用专用磨床来清理锻件，如清除高合金钢锭表面裂纹和脆性硬壳的专用剥皮磨床；使用无心磨床清除圆断面轴杆类精密模锻件的脱碳层等。

 技能要求

下面通过典型实例，来进行锻件的表面清理。

一、工作名称

汽车连杆模锻件锻后的表面清理。

二、工作任务

锻坯材质为40Cr钢，锻件质量为0.45 kg，批量为10万件/月，锻造方法为模锻，锻件图如图4—9所示。

三、锻件表面清理的方法分析

1. 汽车连杆模锻件的工艺

加热坯料、制坯、预锻、终锻、切边、控制冷却、调质、表面清理、锻件检验、局部缺陷清理、机加工。

2. 锻件清理的方法分析

汽车连杆模锻件经过制坯、预锻、终锻、切边等工序模锻成形。锻件生产的批量大，锻件的材料为中碳钢40Cr，汽车连杆主要清理的缺陷是因加热而产生的表面氧化皮、因锻造产生的飞边和毛刺、表面微小的裂纹和折叠等。要求采用生产效率高、清理质量高的表面清理方法。

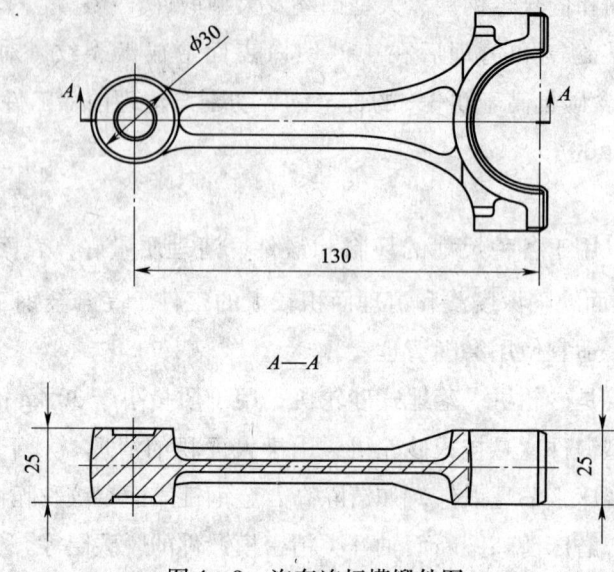

图4—9 汽车连杆模锻件图

根据以上的情况，抛丸处理最适合清理锻件表面氧化皮、飞边、毛刺，并且可以提高表面的强度，而采取磨削是清除锻件表面微小的裂纹和折叠等缺陷较好的方法。

四、锻件表面清理

1. 抛丸处理

（1）工作步骤

1）根据表4—5，确定抛丸使用的抛丸材料是铁丸，直径为0.3 mm。

2）选择履带式抛丸清理机 Q3210 型。

3）每批加锻件 500 kg，加铁丸 120 kg。

4）盖好抛丸清理机的盖，工作时间 30 min。

（2）效果

汽车连杆模锻件经 30 min 的抛丸清理，其效果如图4—10所示，经过抛丸后的锻件表面呈银白色，表面光滑圆整。

2. 锻件局部缺陷的清理

（1）锻件局部缺陷的清理对象。锻件表面存在微小的裂纹和折叠等缺陷的锻件。

（2）检查方法。目测或用磁粉检查锻件表面微小的裂纹和折叠等缺陷，当缺陷深度超过锻件公差的1/2时，对锻件作报废处理。

a)   b)

图4—10　汽车连杆抛丸清理的效果

a）清理前　b）.清理后

（3）磨削清理。使用落地式砂轮机把锻件表面微小的裂纹和折叠等缺陷磨除掉。

五、注意事项

1. 铁丸粒度减小，锻件的表面光洁程度增高；铁丸粒度越大，表面强化越明显。

2. 降低抛丸叶轮的转速，可以显著减少锻件表面的硬化程度。

第 2 节　产 品 检 验

学习单元 1　用通用量具检验锻件产品

学习目标

➢ 掌握通用量具的使用和维护
➢ 熟悉通用量具可检验锻件的项目
➢ 能使用通用量具检验自由锻件的几何尺寸
➢ 能使用通用量具检验模锻件的几何尺寸

知识要求

一、通用量具

测量锻件尺寸的通用测量工具（简称通用量具）有钢尺、钢卷尺、游标卡尺、角度尺、卡钳和半径样板等，见表4—6。

表4—6　　　　　　　　　　通用测量工具

量具名称	用途	简图	测量范围、规格
钢尺	用于测量锻件尺寸，有直钢尺和角钢尺两种，钢尺用不锈钢制作	直钢尺　　　角钢尺	直钢尺常见150 mm、300 mm、500 mm和1 000 mm等规格
钢卷尺	用于测量长钢坯或锻件尺寸，携带和使用方便		常用规格有1 m、2 m、3 m和5 m等
游标卡尺	属精密量具，可测量内尺寸、外尺寸和高度，游标卡尺测量锻件需冷态下进行		常用规格有150 mm、200 mm、300 mm和500 mm等
角度尺	万能角度尺适用于带斜度锻件内、外角度的测量		可测0°~320°外角及40°~130°内角

续表

量具名称	用途	简图	测量范围、规格
卡钳	卡钳与尺结合测量批量锻件尺寸。内卡钳用来测量内孔尺寸；外卡钳用来测量外形尺寸；双卡钳用来同时测量内孔和外形尺寸	a)内卡钳 b)外卡钳 c)双卡钳	卡钳的测量范围和卡钳的尺寸有关，通常的测量尺寸在150 mm以内
半径样板	用于测量锻件的内、外径		一般由15～17片组成，常用规格为$R1$～7 mm、$R7.5$～15 mm、$R15.5$～25 mm等

二、锻件几何形状和尺寸的检验方法

1. 目测法

锻件的形位偏差如扭曲、错位、圆角不均等，比较严重时，可凭经验目测发现。

2. 通用量具检验法

使用通用量具对锻件的几何形状和尺寸进行检验，是最直观、最基本的检验方法。

3. 样板检验法

即用预先制出的样板和局部样板来检测锻件的几何形状和尺寸。该检验法适合大批量和形状复杂的锻件。

4. 划线检验法

一些形状复杂的锻件，无法直接使用量具或样板来检验，一般通过划线来检测锻件的几何形状和尺寸。

三、通用量具可检验锻件的项目

1. 几何尺寸

锻件的几何尺寸测量，有工序测量和最终检验。工序测量对应的是热工件，工件的膨胀系数使工件尺寸有一定的增加;在测量锻件的尺寸时,首先需要把锻件的氧化皮清理干净,之后按锻件图检验锻件的各个尺寸。通用量具测量锻件的效率低,工作量大,一般适用于小批量的锻件,或对锻件进行临时抽检。检验的几何尺寸有长、宽、高、内径、外径、圆角半径、圆弧半径、壁厚、锻件角度等尺寸。

2. 形位公差

对于锻件的形位公差,除了要检验图样上标示的内容外,一般还需要检验以下项目:

(1) 锻件错差的检验

锻件由于分模,常会出现错位,错位中两模的中心差称为错差,用 Δ_e 表示,如图4—11a所示。错差需要专用量具测量,但横截面为圆形的锻件,如杆类、轴类,其错差可以由游标卡尺测量分模线的直接误差。测量的方法为:在某个位置测量直径和垂直前位置测量直径,重复测量几次,其错差 Δ_e 取测量直径最大差值的一半,即 $\Delta_e = 1/2(D_1 - D_2)$,如图4—11b所示。

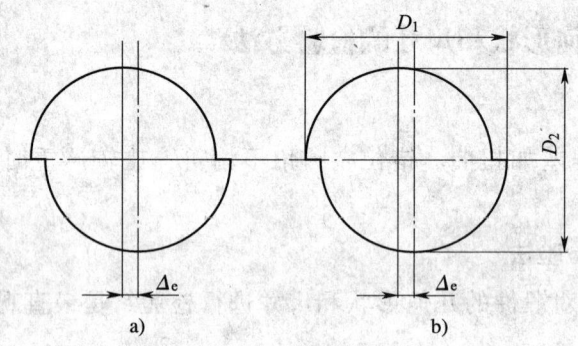

图4—11 杆类或轴类锻件错差的检验

(2) 锻件挠度的检验

对于等截面的长轴类锻件挠度的测量,可以直接把轴放在平板上,慢慢地反复旋转锻件,观察轴线的翘曲程度,再通过测量工具,即可测出轴线的最大挠度 Δ,如图4—12所示。

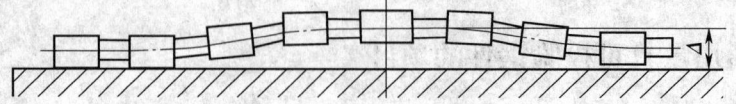

图4—12 轴类锻件挠度的检验

对于两端有相同截面的轴类（也可以是曲轴）锻件，将两端支放在专门设计的 V 形块或滚棒上，旋转锻件，观察锻件旋转时表面的摆动，通过百分表测出锻件两支点间的最大挠度值，如图 4—13 所示。

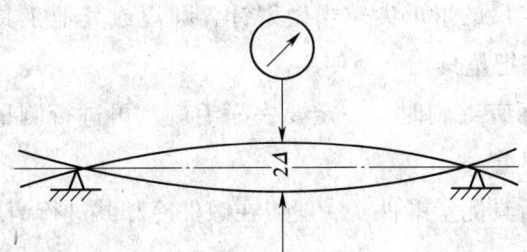

图 4—13　用百分表测量锻件的挠度

（3）锻件平行度的检验

锻件的两平面间的平行度，是选定某一端面放置在平板上，再将百分表底座放在平板上，用仪表测量另一端面的高度，测出两端面的平行度误差，如图 4—14 所示。

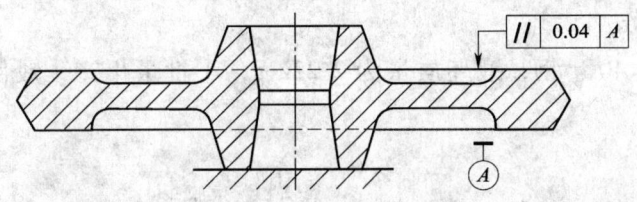

图 4—14　锻件平行度的检验

其实也可以用常用量具测量其他的形位误差，但是这种测量方法一般适用于小批量的锻件，或对锻件进行临时抽检。

四、通用量具的维护与保养

（1）不要用油石、砂布擦磨量具表面及测量面和刻线部分，非计量检修人员严禁拆卸、改装、修理量具。

（2）量具的存放地点应保持清洁、干燥、无振动、无腐蚀性气体，远离温度变化范围大的地方或有磁场的地方。量具盒内存放的量具要清洁干燥，不准将其他杂物存放于盒内，严禁将沾带冷却液的量具放入盒内。

（3）不要用手触摸量具的测量面，因为手上的汗渍等潮湿脏物会污染测量面，使之生锈。严禁量具不存放在量具盒内，甚至和其他工具混放在一起，以免碰伤量具。

（4）量具用完后要擦干净，并松开紧固装置；当长期（一个月以上）不用时，在测量面要涂防锈油。量具在不用时要放入盒内，不得分离，存放时不要使两测量面接触。

（5）不允许把卡尺的量爪尖端当做划针、圆规或其他工具使用，不允许人为扭动两卡爪，不允许把量具当卡板使用。

（6）当锻件表面有毛刺时，一定要去净毛刺，再进行测量；否则会使量具磨损，并且还会影响测量。

（7）使用通用量具测量锻件，一般应在锻件冷却并进行清理后进行。

技能要求

一、使用通用量具检验自由锻件的几何尺寸

1. 工作名称

常用量具检验齿轮轴坯自由锻件的尺寸。

2. 工作任务

锻坯材质为40Cr钢，锻坯质量为2 222 g，小批量生产，锻件图如图4—15所示。

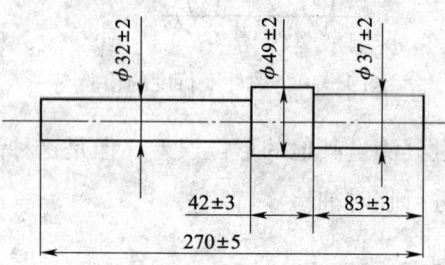

图4—15 齿轮轴坯的锻件图

3. 技能操作

（1）几何尺寸的测量

1）轴向尺寸。三个轴向尺寸（270±5）mm、（42±3）mm、（83±3）mm使用钢直尺测量。

2）径向尺寸。三个径向尺寸 ϕ（32±2）mm、ϕ（49±2）mm、ϕ（37±2）mm使用游标卡尺测量。

（2）形位误差的测量

该齿轮轴坯锻件采用自由锻造，由三段不同直径的圆柱组成，检验其挠度和

错差。

1）挠度测量。测量步骤如下：

①在 φ（32±2）mm 和 φ（37±2）mm 的两端垫滚棒，并在滚棒下分别垫两块平整平板，φ（32±2）mm 端的平板要比 φ（37±2）mm 端的平板厚 2.5 mm，如图 4—16 所示。

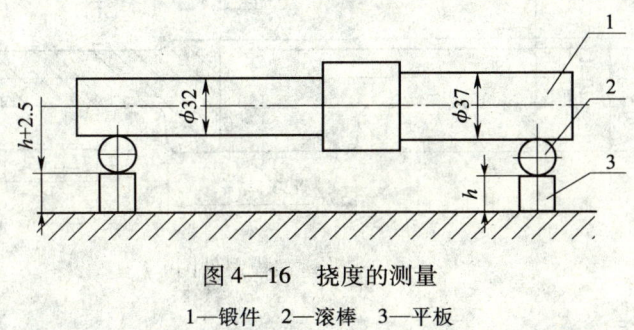

图 4—16　挠度的测量
1—锻件　2—滚棒　3—平板

②如图 4—13 所示，旋转锻件，观察锻件旋转时表面的摆动，通过百分表测出锻件两支点间的最大挠度值，并测绘是否在公差范围内。

2）错差。错差的测量步骤如下：

①选测点。在三段轴上各取一点。

②测量。在测点上用游标卡尺测量直径，沿锻件轴转 90°再测一次直径；转 45°左右测量一次直径，沿锻件轴转 90°再测一次直径。即每点测量两次相互垂直的直径。

③计算错差。分别将测量的相互垂直的两直径相减，找出测点的相互垂直的两直径的最大直径差，最大的直径差的一半就是该段圆柱的最大错差，即 $\Delta_e = 1/2(D_1 - D_2)$。

4. 注意事项

（1）短轴可以不测挠度。

（2）选测点测量错差时，应首先目测，取错位最大的点作为测点；测量时也应选择直径相差最大的垂直面测量。

二、使用通用量具检验模锻件的几何尺寸

1. 工作名称

常用量具抽检花键毂模锻件尺寸。

2. 工作任务

锻坯材质为 40Cr 钢，锻坯质量为 0.7 kg，批量为 20 万件/月。

技术条件：未注模锻斜度 7°，未注锻造圆角 R1.5 mm，错差≤0.6 mm，正火处理硬度≤207HBW，锻件表面喷丸处理。

锻件图如图 4—17 所示。

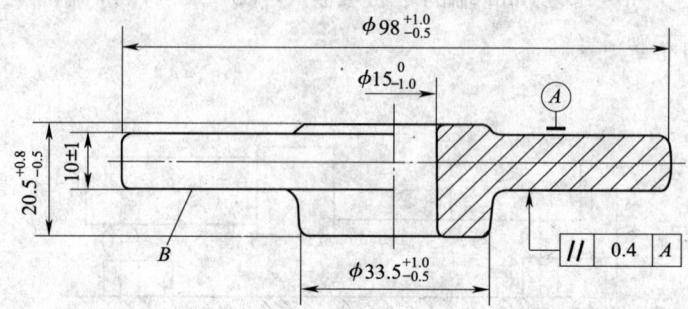

图 4—17　花键毂模锻件图

3. 技能操作

（1）几何尺寸的测量

1）轴向尺寸。轴向尺寸 20.5 mm、10 mm 使用游标卡尺测量。

2）径向尺寸。外径尺寸 ϕ98 mm、ϕ33.5 mm 和内径尺寸 ϕ15 mm 使用游标卡尺或卡规测量。

3）圆角尺寸。技术要求中"未注锻造圆角 R1.5 mm"，锻件有内圆角和外圆角，使用半径样板来检测。

4）模锻斜度。技术要求中"未注模锻斜度 7°"，使用万能角度尺检测。

（2）形位公差

1）错差的测量。该锻件的位错采用通用量具测量比较困难，需使用专用量具。

2）平行度的测量。将 A 面放置在平板上，再将百分表底座放在平板上，用仪表测量 B 面的高度，测出两端面的平行度误差，100 mm 长度内不能大于 0.4 mm，如图 4—14 所示。

三、注意事项

（1）锻件尺寸测量之前，锻件必须经过清理，表面不能带氧化皮。

（2）锻件尺寸测量前需目测观察，如圆角、扭曲、位错有较大误差的，通过目测筛选，再进行量具测量，对大批量的测量最好采用专用量具。

学习单元2 专用量具对锻件产品的检验

学习目标

- 掌握专用量具的使用和维护
- 熟悉专用量具可检验锻件的项目
- 能使用专用量具检验台阶轴等一般锻件

知识要求

锻件的专用测量工具（简称专用量具）就是对某一锻件特别制作的样板、卡板及专用塞规等，根据锻件形状和要求的不同，一个锻件可能制作多个样板。

专用量具比通用量具更适合特定锻件，工作效率更高，适合大批量测量。

自由锻件专用量具带有机械加工余量，量具是根据零件图外形尺寸制作的。自由锻件量具一般在锻造生产过程中使用，使用时可以直接放在锻件外形上，直观地看出锻件的各部分加工余量在允许范围内，但余量的数值只能估计。

如图4—18所示为长度自由锻杆形样板，在生产中用来检测锻件长度和高度。

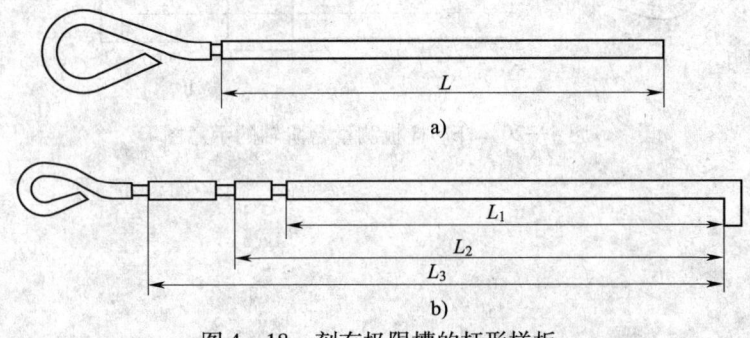

图4—18 刻有极限槽的杆形样板

a) 用于测量一个长度尺寸 b) 用于测量三个长度尺寸

技能要求

一、工作名称

使用专用量具检测台阶轴锻件。

二、工作任务

锻坯材质为40Cr钢,锻坯质量为2 222 g,小批量生产,锻件图如图4—15所示。

三、技能操作

如图4—15所示的台阶轴其径向尺寸和形位误差可以用"学习单元1"的方法来测量,但轴向尺寸使用如图4—18所示的刻有极限槽的杆形样板来测量最为适合。

图4—19为该台阶轴的杆形样板,车出三个长度槽,分别为42 mm、83 mm和270 mm。图4—20为测量示意图,测量83 mm和270 mm时,使杆形样板钩住Ⅰ基准面,测量83 mm时,使杆形样板钩住Ⅱ基准面。

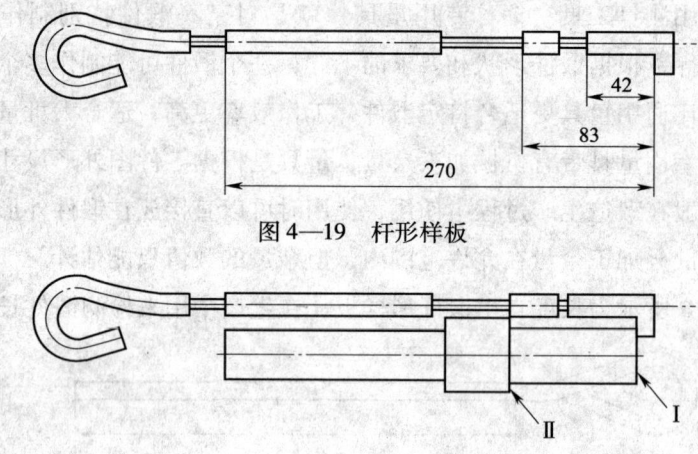

图4—19 杆形样板

图4—20 杆形样板测量台阶轴的示意图